FORSCHUNGSBERICHTE DES LANDES NORDRHEIN-WESTFALEN

Nr. 2145

Herausgegeben im Auftrage des Ministerpräsidenten Heinz Kühn
von Staatssekretär Professor Dr. h. c. Dr. E. h. Leo Brandt

Prof. Dr.-Ing. Dres. h. c. Herwart Opitz
Prof. Dr.-Ing. Wilfried König
Dr.-Ing. Friedrich Sperling
Dipl.-Ing. M. Amin Younis

Laboratorium für Werkzeugmaschinen und Betriebslehre
der Rhein.-Westf. Techn. Hochschule Aachen

Untersuchungen beim Flachschleifen mit erhöhten Umfangsgeschwindigkeiten und gesteigerten Zerspanleistungen

SPRINGER FACHMEDIEN WIESBADEN GMBH 1970

ISBN 978-3-663-19940-3   ISBN 978-3-663-20285-1 (eBook)
DOI 10.1007/978-3-663-20285-1
Verlags-Nr. 012145

© 1970 by Springer Fachmedien Wiesbaden
Ursprünglich erschienen bei Westdeutscher Verlag, Köln und Opladen 1970
Gesamtherstellung: Westdeutscher Verlag

Inhalt

1. Einleitung 5
2. Kennzeichnung der spezifischen Besonderheiten des Flachschleifens mit hohen Schleifscheibenumfangsgeschwindigkeiten und Zerspanleistungen 6
3. Auswahl geeigneter Schleifscheiben 7
4. Versuche zum Hochgeschwindigkeitsschleifen 9
   - 4.1 Versuchsbedingungen 9
   - 4.1.1 Abrichtbedingungen 9
   - 4.1.2 Kühlschmiermittel 9
   - 4.1.3 Kühlschmiermittelzufuhr 9
   - 4.1.4 Werkstücke und Werkstückstoff 10
   - 4.1.5 Messung der Oberflächenrauheit und des Schleifscheibenverschleißes ... 10
5. Versuchsmaschine 13
6. Der Einfluß der Schleifscheibenumfangsgeschwindigkeit, der Zustellung und der Werkstückgeschwindigkeit auf das Arbeitsergebnis 13
   - 6.1 Der Einfluß auf die Schnittkraft 13
   - 6.2 Der Einfluß auf die Oberflächenrauheit 15
   - 6.3 Der Einfluß auf die Gefügestruktur in der Werkstückrandzone 16
7. Wirtschaftlichkeitsbetrachtungen beim Flachschleifen 17
8. Betrachtungen zur Stabilität des Schleifverfahrens 18
   - 8.1 Darstellung des Schleifverfahrens an Hand eines Regelkreises 18
   - 8.2 Zusammenhang zwischen der Kontaktsteife und den Arbeitsbedingungen .. 20
9. Zusammenfassung 23
10. Literaturverzeichnis 24

Anhang 26

1. Einleitung

Die Funktionsfähigkeit eines Werkstückes hängt weitgehend davon ab, inwieweit die vorgegebene Qualität, gekennzeichnet durch Form-, Maß- und Lagetoleranzen sowie durch bestimmte Oberflächenkennwerte, erreicht wurde. Der Trend der industriellen Massenfertigung nach höheren Ausstoßraten bei gleichzeitig gesteigerten Qualitätsansprüchen führte immer häufiger Bearbeitungsaufgaben in das Gebiet des Schleifens.

Die Vorteile der Schleiftechnik können außerdem dort genutzt werden, wo auf Grund der eingesetzten, zum Teil schwer zerspanbaren Materialien, wie sie vorwiegend im Triebwerk- und Turbinenbau, in Raumfahrt und Meerestiefenforschung verwendet werden, der Einsatz der mit definierter Schneidengeometrie arbeitenden Zerspanverfahren an natürliche Grenzen stößt.

Das bedeutet, daß in diesen Fällen der Schleifprozeß nicht mehr nur Endbearbeitungsverfahren sein kann, sondern daß auch die reine Zerspanungsarbeit durch Schleifen vorgenommen werden muß. Der Schleifprozeß wird, aus dem Bereich der mit geringen Zerspanleistungen arbeitenden Feinbearbeitungsverfahren herausgeführt, in Zukunft neben den klassischen Zerspanungsverfahren, wie Drehen, Fräsen oder Räumen einen eigenen Platz als gleichwertiges bzw. in manchen Fällen als einzig mögliches Bearbeitungsverfahren einnehmen.

Ziel neuester, seit etwa 10 Jahren systematisch betriebener Untersuchungen [5, 7] ist es außerdem, die Wirtschaftlichkeit der Schleifverfahren zu verbessern. Hierzu bot sich der Einsatz hoher Schleifscheibenumfangsgeschwindigkeiten als geeignete Maßnahme an. Das führte dazu, daß heute das Schleifen mit hohen Umfangsgeschwindigkeiten bei einer Steigerung der Zerspanleistung um das 20- bis 30fache als eigenes Bearbeitungsverfahren angesehen werden muß, das unter dem Namen Hochgeschwindigkeitsschleifen bekanntgeworden ist.

Durch die richtige Wahl der Parameter wird es möglich, ein Werkstück in einer Aufspannung auf einer Maschine vor- und endzubearbeiten.

In einem Teil des Berichtes wurde daher dem Einfluß von Schleifscheibenumfangsgeschwindigkeit, Zustellung und Werkstückgeschwindigkeit auf das Arbeitsergebnis beim Flach-Einstechschleifen breiter Raum gewidmet.

Das bei hohen Schleifscheibenumfangsgeschwindigkeiten und Zerspanleistungen immer mehr in den Vordergrund rückende Beurteilungskriterium eines Schleifprozesses, das Ratterverhalten, wird abschließend an Hand eines Regelkreises unter besonderer Berücksichtigung der Verhältnisse in der Kontaktzone zwischen Schleifscheibe und Werkstück grundlegend analysiert.

2. Kennzeichnung der spezifischen Besonderheiten des Flachschleifprozesses mit hohen Schleifscheibenumfangsgeschwindigkeiten und Zerspanleistungen

Die beim Außenrund-Einstechschleifen mit hohen Zerspanleistungen bei hohen Schleifscheibenumfangsgeschwindigkeiten erzielten Ergebnisse und Erfahrungen lassen sich nicht ohne weiteres auf den Flachschleifprozeß übertragen, da insbesondere zur Erzielung hoher Zerspanleistungen andere Gesetzmäßigkeiten gelten.

Beim Außenrund-Einstechschleifen errechnet sich die auf ein Millimeter Schleifbreite bezogene Zerspanleistung zu:

$$Z' = v_e \cdot \pi \cdot d_w \tag{1}$$

Die spezifische Zerspanleistung hängt also nur vom mittleren Werkstückdurchmesser und der Einstechgeschwindigkeit ab. Eine Änderung der Werkstückgeschwindigkeit hat lediglich technologische Folgen, da sich damit das für die thermische Beeinflussung der Werkstückrandzone verantwortliche Geschwindigkeitsverhältnis $q = v_s/v_w$ ändert.

Es muß allerdings beachtet werden, daß sowohl beim Außenrund- als auch beim Innenschleifen die Zerspanleistung über dem Einstechweg nicht konstant bleibt, da der Werkstückdurchmesser sich während des Einstiches verringert. Zur Errechnung der Zerspanleistung muß daher für den Werkstückdurchmesser ein mittlerer Durchmesser zugrunde gelegt werden.

Anders dagegen liegen die Verhältnisse beim Flachschleifen. Hier ergibt sich die spezifische Zerspanleistung aus dem Produkt von Zustellung und Werkstückgeschwindigkeit, d. h.

$$Z' = a \cdot v_w \tag{2}$$

Demnach kann der gleiche konstante Wert für die Zerspanleistung sowohl durch die Kombination aus hoher Zustellung und geringer Werkstückgeschwindigkeit als auch aus hoher Werkstückgeschwindigkeit und niedriger Zustellung erzielt werden.

Es ergeben sich daraus für den Flachschleifprozeß die folgenden wichtigen Folgerungen: Bei Änderung der Zerspanleistung durch Veränderung der Werkstückgeschwindigkeit wird gleichzeitig das für die Beurteilung der zu erwartenden thermischen Belastung des Werkstückes wichtige Geschwindigkeitsverhältnis $q = v_s/v_w$ verändert. Dagegen bleibt bei einer Variation der Zerspanleistung durch Verändern der Zustellung das Geschwindigkeitsverhältnis konstant. Daraus ergibt sich zum Beispiel, daß eine hohe Zerspanleistung bei niedriger thermischer Belastung des Werkstückes dadurch erzielt werden kann, daß man mit hoher Werkstückgeschwindigkeit, d. h. mit geringem Geschwindigkeitsverhältnis und geringer Zustellung arbeitet.

Das bisher Gesagte läßt die Notwendigkeit erkennen, daß bei der Versuchsdurchführung und beim Vergleich experimentell gefundener Ergebnisse neben der Angabe der Zerspanleistung, die beim Außenrund-Einstechschleifen als kennzeichnende Größe der Leistungsfähigkeit des Verfahrens ausreicht, beim Flachschleifen noch Angaben über Werkstückgeschwindigkeit und Zustellung hinzukommen müssen.

3. Auswahl geeigneter Schleifscheiben

Schleifscheiben, die beim Hochgeschwindigkeitsschleifen eingesetzt werden, müssen besonderen Qualitätsansprüchen genügen. Da insbesondere die Beanspruchungen der Scheibe quadratisch mit der Schleifscheibenumfangsgeschwindigkeit wachsen und sich dadurch die Gefahr eines Scheibenbruches erhöht, sind vom Gesetzgeber [27] besondere Schutzmaßnahmen gefordert worden, deren Einhaltung dem Deutschen Schleifscheibenausschuß (DSA) obliegt [28].

Für die im Rahmen dieses Berichtes durchgeführten Untersuchungen wurden daher auch nur solche Schleifscheiben verwendet, die beim Hersteller durch entsprechenden Probelauf nach DSA-Vorschrift geprüft worden sind.

Es werden neben keramisch gebundenen Schleifscheiben vorzugsweise bakelitisch gebundene eingesetzt.

Der große Vorteil dieser Scheiben gegenüber keramisch gebundenen liegt in der größeren Festigkeit des Schleifkörpers gegenüber Fliehkraftbeanspruchungen. Insbesondere beim Hochgeschwindigkeitsschleifen kommt dieser Tatsache besondere Bedeutung zu. Ferner ist noch die Eigenschaft kunstharzgebundener Schleifscheiben hervorzuheben, daß bei Überbelastung des schleifenden Gefüges nicht, wie bei keramischen Schleifscheiben, ganze Korngruppen plötzlich ausgebrochen werden, sondern ein kontinuierlicher, auf die gesamte Umfangsfläche der Scheibe gleichmäßig verteilter Verschleiß auftritt [6].

Der wichtigste Grund, bakelitisch gebundene Schleifscheiben beim Hochgeschwindigkeitsschleifen einzusetzen, ist neben der Unempfindlichkeit gegen stoßartige Belastungen [14] in der geringeren Neigung bakelitischer Scheiben zur Bildung von Brandmarken zu sehen.

Es kann davon ausgegangen werden, daß die größere Elastizität der bakelitisch gebundenen Schleifscheiben, wie sie durch den etwa halb so großen Elastizitätsmodul gegenüber keramischen Scheiben zum Ausdruck kommt, als Grund für dieses günstige thermische Verhalten angesehen werden kann [21].

Eine Erklärung für diesen bei der Verwendung bakelitischer Schleifscheiben zu beobachtenden thermischen Einfluß ist darin zu suchen, daß infolge des Zurückfederns der Körner in der Bindung bereits beim Abrichten die Schneiden eine andere durchschnittliche Schneidengeometrie erhalten. Dadurch, daß zwischen Abrichtwerkzeug und Korn ein relativ elastischer Stoß ausgeübt wird, neigen die Körner beim Abrichten in geringerem Maße zum Splittern, so daß es zur Ausbildung stark negativer Spanwinkel kommt. Dieser Effekt der geringeren Splitterneigung von Körnern, welche sich in einer elastischen Matrix befinden, führt auch beim eigentlichen Schleifvorgang zu stark negativen Spanwinkeln an den Schneiden.

Nach einer neueren Spanbildungstheorie von WERNER [25], welche für den Schleifprozeß entwickelt wurde, müssen zwei Voraussetzungen für ein Abfließen des Schleifspanes aus der Spanbildungszone gegeben sein: Die wichtigste Voraussetzung ist eine hohe Spanbildungstemperatur, die einen geringen Reibungswinkel zwischen Span und Schneide zur Folge hat. Außerdem muß ein bestimmter negativer Spanwinkel unterschritten werden, damit eine genügend hohe Spanbildungstemperatur erreicht wird.

Bei keramischen Scheiben, welche auf Grund der größeren Splitterneigung der Körner in der Bindung weniger negative Spanwinkel aufweisen als gleichartige bakelitische, wird die für eine Senkung des Reibungswinkels notwendige Temperatur oft nicht erreicht, so daß die Spanungsrichtungen in der Spanbildungszone ein Abfließen des Spanes verhindern. Das hat zur Folge, daß die Abtragsprodukte teilweise auf dem Korn einen Überzug bilden, welcher an Hand mikroskopischer Untersuchungen nachgewiesen wurde [2].

Die Folge davon ist, daß an der Stelle, an welcher ein solches mit Abtragsprodukten überzogenes Korn zum Eingriff kommt, die Temperatur über die normale mittlere Temperatur ansteigt, da lediglich ein Gleiten von Stahl auf Stahl, verbunden mit plastischer Verformung an der Eingriffsstelle gegeben ist, so daß es an dieser Stelle zur Bildung einer Brandmarke kommt. Kommt diese Schneide nacheinander an mehreren Stellen zum Eingriff, ergeben sich unregelmäßig verteilte sichtbare Brandflächen auf der sonst blanken Oberfläche.

Trotz dieser Vorteile bakelitisch gebundener Schleifscheiben werden gegen ihre Verwendung in der Praxis häufig noch Vorbehalte angemeldet, die sich insbesondere auf das »Altern« der bakelitischen Schleifscheiben beziehen. Diese für das praktische Schleifergebnis außerordentlich wichtige Gegebenheit wurde daher näher untersucht.

Aus einer Versuchsschleifscheibe wurden Proben mit rechteckigem Querschnitt mit den Abmessungen $120 \times 15 \times 10$ herausgesägt und, unterteilt in 5 Gruppen zu je 5 Stück, in verschiedenen Kühlmedien 24 Stunden gelagert. Die genauen Versuchsdaten sind der Abb. 1* zu entnehmen.

Nach der Einwirkdauer des Kühlmediums wurden die Proben bis zur Durchführung des Biegeversuches, welcher jeweils nach dem 1., 6., 18., 55. und 120. Tag nach Einlegen in das betreffende Medium vorgenommen wurde, an Luft bei 20°C aufbewahrt. Die Ergebnisse des Biegeversuches, wobei die Proben jeweils bis zum Bruch belastet wurden, sind in Abb. 2 dargestellt.

Es wird deutlich, daß eine Alterung, d. h. eine Abnahme der Festigkeit als Funktion der Zeit, nicht eingetreten ist. Vielmehr tritt eine Veränderung der Eigenschaften sofort nach Entnahme aus dem betreffenden Medium auf. So wirkt sich der Einfluß der auf 50°C erwärmten Emulsion besonders nachteilig aus; ein Abfall der Bruchfestigkeit um etwa 45% ist bereits nach 24 Stunden festgestellt worden. Im Laufe der Zeit tritt wieder eine gewisse Erholung ein, die Ausgangsbruchfestigkeit wird jedoch nicht wieder erreicht.

Die in einer Emulsion von 20°C gelagerten Proben erreichen bei anfänglichem Abfall nach 120 Tagen etwa wieder die Ausgangsbruchfestigkeit, während bei der Lagerung in Öl sogar eine Zunahme der Bruchfestigkeit erzielt werden konnte.

Die Zunahme der Bruchfestigkeit bei einer einem Schleiföl ausgesetzten Schleifscheibe konnte außerdem durch einen Sprengtest bestätigt werden, bei welchem eine aus der gleichen Charge wie die zu Proben zersägte Scheibe nach einem 10monatigen Einsatz unter Schleifbedingungen bei Verwendung von Schleiföl gesprengt wurde.

Es ergab sich ein Zuwachs der Sprengfestigkeit von 13% gegenüber einer 3. Scheibe, deren Sprenggeschwindigkeit unmittelbar nach dem Herstellprozeß ermittelt wurde.

---

* Die Abbildungen stehen im Anhang ab Seite 26

4. Versuche zum Hochgeschwindigkeitsschleifen

4.1 Versuchsbedingungen

4.1.1 *Abrichtbedingungen*

Für eine systematische Versuchsdurchführung ist es außerordentlich wichtig, daß bei jedem Versuch gleichbleibende Bedingungen vorliegen. Die Forderung nach konstanter Schneidfähigkeit über einen längeren Einsatzzeitraum wird am besten durch ein Vielkornabrichten gewährleistet.
Daher wurde zum Abrichten ein Diamantigel unter folgenden Abrichtbedingungen eingesetzt:

Abrichtdrehzahl der Schleifscheibe:	n_A	$= 2000 \text{ min}^{-1}$
Abrichtvorschub:	s_A	$= 0,1 \text{ mm/U}$
Abrichtzustellung:	a_A	$= 0,03 \text{ mm}$
Abrichthübe je nach Verschleiß	i_A	$= 3\text{--}5$
Leerhübe:	i_l	$= 20$

4.1.2 *Kühlschmiermittel*

Als Kühlschmiermittel diente bei allen Versuchen ein Schleiföl von 15°E(20°C). Auf die besonderen Vorteile von Öl im Zusammenhang mit dem Einsatz bakelitisch gebundener Schleifscheiben wurde bereits im Kap. 3 hingewiesen.
Das Kühlmittel wurde mit einem Druck von 12 kp/cm² mit einer Filterfeinheit von 30 µm einer Kühldüsenanordnung zugeführt, wie diese in Abb. 3 dargestellt ist und im folgenden näher beschrieben wird.

4.1.3 *Kühlschmiermittelzufuhr*

Neben der Aufgabe, die im Werkstück entstehende Wärmemenge abzuführen, obliegt einem eingesetzten Kühlschmiermittel außerdem die Schmierung der Schnittzone sowie die Reinigung der Schleifscheibe.
Bestenfalls die erste Forderung kann von einer normalen Kühlmittelzuführeinrichtung, wie sie vom konventionellen Schleifen her bekannt ist, erfüllt werden. In die eigentliche Schnittzone kann das Kühlschmiermittel jedoch nicht gelangen, da ein mit der Schleifscheibe umlaufendes Luftpolster [5] dem Kühlmittel den Zutritt zur Schnittstelle verwehrt.
Mit den von ERNST [5] und GÜHRING [7] eingeleiteten Maßnahmen, wie Luftpolsterableitbleche und Anwendung eines hohen Kühlmitteldruckes gelang es, dem Kühlschmiermittel weitgehend Zugang zur Zone der Spanbildung zu verschaffen. Hierdurch konnte allerdings die für den praktischen Schleifvorgang wichtige Forderung der Reinigung der Schleifscheibe nicht erfüllt werden.
Es wurde daher die in der Literatur [11, 12, 22, 26] verschiedentlich erwähnte Methode, das Kühlmittel der Schleifscheibe durch feine Düsen unter hohem Druck zuzuführen, aufgegriffen und weiterentwickelt.
Eine grundlegende Voraussetzung ist dabei, daß das Kühlmittel mit hoher kinetischer Energie auf die Schleifscheibe auftrifft und neben den am Korn anhaftenden Werkstoffüberzügen auch locker gewordene Körner herausschlägt. Eine hohe kinetische Energie ist dann gegeben, wenn das Kühlmittel mit hoher Geschwindigkeit austritt.

Da die Austrittsgeschwindigkeit

$$v_D = \alpha \sqrt{\frac{2g}{\gamma} \cdot \Delta p} \qquad (3)$$

bei konstantem Differenzdruck nur von der Form der Austrittsöffnung abhängt, kann allein durch den Einsatz einer geeigneten Düsenform die zur Schleifscheibenreinigung erforderliche hohe Austrittsgeschwindigkeit erzielt werden.

In Abb. 4 ist die Austrittsgeschwindigkeit in Abhängigkeit vom Differenzdruck an der Düse unter Berücksichtigung verschiedener Düsenformen aufgetragen, wobei dem Umstand besondere Rechnung getragen wurde, daß die Düsenaustrittsöffnungen möglichst einfach herzustellen sind. So konnte bei einem Differenzdruck von 12 kp/cm^2, welcher bei allen späteren Versuchen konstant gehalten wurde, allein durch die Änderung der Austrittsöffnung von der ungünstigsten Form (Düse Nr. 6) zur günstigsten Form (Nr. 1 bzw. 2) eine Erhöhung der Austrittsgeschwindigkeit um 70% erzielt werden.

Als Beweis dafür, daß tatsächlich durch die geschilderten Austrittsdüsen ein Reinigungseffekt stattgefunden hat, sei Abb. 5 herangezogen.

Dort ist die Oberfläche eines geschliffenen Nutengrundes dargestellt. Wie das Foto links zeigt, und wie in der Skizze noch einmal angedeutet ist, sind auf der Oberfläche des Nutengrundes dunkle Streifen sichtbar, welche auf den die örtliche Werkstücktemperatur erhöhenden Effekt der mit Abtragsprodukten überzogenen Schneiden zurückzuführen ist. Der Abstand der dunkel verfärbten Streifen und der Abstand der Bohrungszwischenräume der Düsenplatte stimmen überein. Die Stellen der Schleifscheibe hingegen, welche durch das antretende Kühlmittel gereinigt wurden, erzeugten eine einwandfreie, thermisch unbeeinflußte Oberfläche.

Für die späteren Versuche wurden Düsenplatten in der Form der in Abb. 6 dargestellten verwendet.

Der optimale Abstand der Düsen von der Schleifscheibe wurde experimentell ermittelt und beträgt etwa das 3,5fache des Durchmessers der Düsenaustrittsbohrung, d. h. bei den verwendeten Bohrungen von 1 mm Durchmesser etwa 3,5 mm. Der optimale Ausstellwinkel wurde zu 0° ermittelt, d. h. der Kühlmittelstrahl bildet mit der Tangente der Schleifscheibe am Auftreffpunkt einen Winkel von 90°.

4.1.4 Werkstücke und Werkstückstoff

Die grundlegenden Untersuchungen des Flachschleifprozesses wurden an einem Kohlenstoffstahl mit 0,45% C, wie er im allgemeinen Maschinen- und Fahrzeugbau bevorzugt eingesetzt wird, durchgeführt.

Für Versuche zur Bestimmung der Oberflächenrauheit, des Schleifscheibenverschleißes sowie der Maßgenauigkeit der erzeugten Werkstücke dienten Werkstücke mit den Abmessungen: 250 mm Länge, 60 mm Breite, 30 mm Höhe. Zur Messung der Schnittkräfte mußten kleinere Werkstücke Verwendung finden, da sonst die dynamischen Eigenschaften des Schnittkraftmessers, welche auf eine bestimmte Masse optimal ausgelegt worden sind, nachteilig verändert worden wären. Diese zur Messung der Schnittkräfte eingesetzten Werkstücke mit dem Querschnitt von 60×30 mm konnten daher nur 70 mm lang gewählt werden.

4.1.5 Messung der Oberflächenrauheit und des Schleifscheibenverschleißes

Zur Messung der Oberflächengüte stand ein nach dem Tastschnittverfahren arbeitendes Laborgerät (Perth-O-Meter, Typ Universal 54 B) zur Verfügung. Als Tastsystem wurde ein halbstarres Tastsystem, Typ HT 25/6 mit einem Abrundungsradius der Tastnadel von 10 µm eingesetzt. Der Tastweg betrug bei allen Messungen 5 mm, der Wellentrenner (cutoff) 0,75 mm. Alle Meßergebnisse stellen das Mittel aus 5 Messungen dar.

Der Schleifscheibenverschleiß, getrennt nach Kanten- und Radiusverschleiß, wurde nach dem Abbildverfahren bestimmt. Hierbei wird die mit einer Referenzkante versehene Schleifscheibe vor und nach jedem Schliff in ein dünnes Stahlplättchen (ca. 0,05 mm) eingestochen, so daß das Schleifscheibenprofil einschließlich der nicht in Eingriff gekommenen Bezugskante im Stahlplättchen abgebildet wird.

Der Radiusverschleiß wurde unter einem Meßmikroskop mit einer Ablesegenauigkeit von ± 2,5 µm bestimmt, die Auswertung des Kantenverschleißes erfolgte unter einem Profilprojektor bei 50facher Vergrößerung.

4.1.6 Schnittkraftmessung

Zur Messung der während der Versuche auftretenden Schnittkräfte wurde ein von BLANKENSTEIN [1] entwickelter, mit piezo-elektrischen Meßzellen ausgestatteter 3-Komponenten-Schnittkraftmesser eingesetzt. Lediglich 2 Komponenten wurden jedoch ausgenutzt, da es sich bei allen Versuchen um den Vorgang des Flach-Einstechschleifens handelte und durch den Einsatz gerade abgerichteter Schleifscheiben eine in Richtung Schleifscheibenachse wirksame Schnittkraft nicht auftrat. Die besondere Empfindlichkeit der Kraftmeßzellen und deren Zuleitungen gegen jede Art von Feuchtigkeit machten eine besondere Abdeckung des gesamten Gerätes notwendig, ohne jedoch die Empfindlichkeit zu beeinflussen.

In Abb. 7 ist der verwendete Schnittkraftmesser im Längsschnitt dargestellt. Der fest mit der beweglichen Oberplatte verbundene Abdeckkasten dichtet durch eine ölfeste Gummiplatte den Innenraum gegen Eindringen von Flüssigkeit ab, andererseits wird die freie Bewegung des Kastens durch die gummielastische Verbindung mit der Grundplatte gewährleistet. Zur Verhinderung des Niederschlages von Kondenswasser innerhalb der Abdeckung wurde ein Leinenbeutel mit einem hygroskopischen Mittel eingebracht.

Vor dem Einsatz des Schnittkraftmessers wurde noch eine statische und dynamische Eichung des Gerätes vorgenommen. Die statische Steifigkeit des Meßsystems betrug in Richtung der Tangentialkraft $c_t = 22,2$ kp/µm, in Richtung der Normalkraft $c_n = 147$ kp/µm.

Bei der dynamischen Eichung trat bei Erregung in Richtung der Normalkraft die erste Resonanzstelle bei $f_n = 2,5$ kHz auf. Von besonderer Wichtigkeit ist dabei die Tatsache, daß im verwendeten Frequenzbereich, der beim Schleifen nicht über 500 Hz hinausgeht [3], bis zur ersten Resonanzstelle keine das Meßergebnis verfälschenden kleineren Resonanzspitzen auftraten. Der Vergrößerungsfaktor blieb bis zur Resonanzstelle konstant ($x_A/x_E = 1$).

Obwohl der piezo-elektrische Effekt prinzipiell nur für die Messung schnell wechselnder oder quasistatischer Vorgänge geeignet ist, wird durch den Einsatz geeigneter Ladungsverstärker auch die Erfassung statischer Vorgänge möglich.

5. Versuchsmaschine

Die Untersuchungen wurden auf der in Abb. 8 dargestellten, im Laboratorium für Werkzeugmaschinen und Betriebslehre der Rheinisch-Westfälischen TH Aachen konzipierten Hochgeschwindigkeitsflachschleifmaschine durchgeführt. Diese Maschine verfügt neben einer hohen Antriebsleistung von 35 kW über die Möglichkeit, die Schleifscheibe mit Umfangsgeschwindigkeiten bis zu etwa 120 m/s zu betreiben. Das verfügbare maximale Drehmoment beträgt 8,5 kpm.
Die Schleifspindel läuft in einer kombinierten Lagerung, bestehend aus Wälzlagern und einem hydrostatischen Lager, welche so ausgelegt ist, daß die Schnittkraft nur vom hydrostatischen Lager, dessen vier durch Kapillardrosseln versorgte Taschenpaare direkt unter dem Scheibenflansch angeordnet sind, aufgenommen wird. Dabei bleiben die Schulterkugellager, die nur zur Abstützung der Spindel innerhalb der Traghülse dienen, weitgehend unbelastet. Voraussetzung dabei ist eine zylindrisch abgerichtete bzw. mit symmetrischem Profil versehene Scheibe. Im anderen Falle treten axiale Schnittkräfte auf, die jedoch ohne weiteres von den Wälzlagern aufgenommen werden können.
Die Traghülse (3) ist im Vertikalsupport (2) axial verschiebbar angeordnet, so daß eine Querzustellung über die Traghülse vorgenommen werden kann.
Traghülse, Vertikalsupport sowie der Schleiftisch sind hydrostatisch geführt. Der Schleiftisch wird hydraulisch durch zwei nebeneinander angeordnete Hydraulikzylinder (6) angetrieben.
Die maximalen Steifigkeitswerte betragen je nach Auskraglänge der Traghülse zwischen 3,6 kp/μm und 8,3 kp/μm. Neben der statischen Steifigkeit kommt dem Verhalten des Systems Vertikalschlitten–Spindeltraghülse–Spindellager und Werkstücktisch beim Auftreten von Wechselkräften verschiedener Frequenzen eine besondere Bedeutung zu. Insbesondere wird hiervon das Entstehen von Rattermarken auf der geschliffenen Oberfläche wesentlich beeinflußt.
Mit Hilfe eines elektrischen Wechselkrafterregers, mit welchem Wechselkräfte von ± 1,5 kp aufgebracht werden können, wurde das Frequenzspektrum von 0 bis 1000 Hz durchfahren.
Die erste Resonanzstelle tritt bei einer Frequenz von $f = 80$ Hz auf und entspricht einer Schleifscheibendrehzahl von 4800 min^{-1}, fällt somit also nicht in den für die Untersuchungen benötigten Drehzahlbereich, welcher sich bei den gegebenen Schleifscheibenabmessungen bei der maximal eingesetzten Schleifscheibenumfangsgeschwindigkeit von $v_s = 80$ m/s zu etwa $n_s = 3000$ min^{-1} ergibt.
Am rückwärtigen Ende der Pinole befindet sich der Spindelantrieb (4), bestehend aus einem Keilriementrieb und einem 35-kW-Hydromotor, der gegenüber einem als Drehstrommotor ausgelegten elektrischen Antrieb den Vorteil des wesentlich geringeren Platzbedarfs und Gewichtes besitzt.
Zudem kann die zum Antrieb gehörige, verstellbare Pumpe außerhalb der Maschine stationär untergebracht werden. Die Spindeldrehzahl ist stufenlos verstellbar.

6. Der Einfluß der Schleifscheibenumfangsgeschwindigkeit, der Zustellung und der Werkstückgeschwindigkeit auf das Arbeitsergebnis

6.1 Der Einfluß auf die Schnittkraft

Durch die für das Flachschleifen gültige Gegebenheit, daß die Zerspanleistung als Produkt aus Zustellung und Werkstückgeschwindigkeit gebildet wird, können gleiche Zerspanleistungen durch verschiedene Kombination beider Größen erreicht werden.
Inwieweit die Schnittkräfte von Zustellung und Werkstückgeschwindigkeit sowie von der unterschiedlichen zur Beibehaltung einer konstanten Zerspanleistung notwendigen Variation beider Größen beeinflußt werden, wird im folgenden untersucht.
In Abb. 9 sind die beiden Kraftkomponenten über der Zustellung aufgetragen, wobei der Anstieg der Schnittkraft einen degressiven Verlauf annimmt.
Der die Schnittkraft vermindernde Einfluß der hohen Schleifscheibenumfangsgeschwindigkeiten wird ebenfalls deutlich. Eine ähnliche Tendenz zeigt die Schnittkraft in Abhängigkeit von der Werkstück- und der Scheibengeschwindigkeit, wie in Abb. 10 dargestellt ist.
Vergleicht man die Ergebnisse von Abb. 9 und 10, so stellt man fest, daß durch Variation der Zustellung a eine stärkere Veränderung der Schnittkraft erzielt wird als bei Veränderung der Werkstückgeschwindigkeit v_w, was in der Größe der in Abb. 10 angegebenen Exponenten von a und v_w zum Ausdruck kommt.
Das bedeutet, daß sich bei der Darstellung der Schnittkräfte als Funktion der Zerspanleistung unterschiedliche Werte ergeben können, je nachdem, ob man die veränderte Zerspanleistung durch Variation der Zustellung oder der Werkstückgeschwindigkeit erzielt.
Daraus ergibt sich, daß im Vergleich zum Rundschleifen zur Beurteilung der Höhe der Schnittkraft neben der Angabe der Zerspanleistung Z' auch differenzierte Überlegungen zur optimalen Abstimmung von a und v_w angestellt werden müssen, damit bei maximal möglicher Zerspanleistung die durch die Kenndaten der Maschine vorgegebenen bzw. die die Formhaltigkeit des Werkstückes bestimmenden zulässigen Schnittkräfte nicht überschritten werden.
Dieser Zusammenhang wurde bei einer konstanten Zerspanleistung näher untersucht. Die Ergebnisse sind der Abb. 11 zu entnehmen. Auf der Abszisse ist die Zustellung und die Werkstückgeschwindigkeit gegenläufig so aufgetragen, daß das jeweilige Produkt aus a und v_w immer den konstanten Wert von $Z' = 10$ mm³/mm · s ergibt. Die Versuche wurden einmal mit einer bakelitisch gebundenen, zum anderen mit einer keramischen Schleifscheibe durchgeführt. Es ist ein deutliches Ansteigen der Schnittkraft mit größerer Zustellung und entsprechend geringerer Werkstückgeschwindigkeit festzustellen. Hieraus folgt, daß es im Hinblick auf die Erzielung niedriger Schnittkräfte bei konstant vorgegebener Zerspanleistung beim Flachschleifen günstiger ist, die Werkstückgeschwindigkeit gegenüber der Zustellung möglichst groß zu halten.
Bemerkenswert ist die Tatsache, daß der Anstieg der Kurven nicht von der Art der Schleifscheibe beeinflußt wird, sofern die Korngrößen sich nicht unterscheiden. Es kann daher auch mit einer etwa gleich großen statischen Schneidenzahl, wie sich nach dem Abrichtvorgang vorliegt, gerechnet werden.
Zur kinematischen Deutung der Zusammenhänge ist zunächst die dynamische Schneidenzahl heranzuziehen. Nach einer Veröffentlichung von KASSEN und WERNER [10] lautet der formelmäßige Zusammenhang für die dynamische Schneidenzahl folgendermaßen:

$$N_{\text{dyn}} = 1{,}2 \left[\frac{2\,C_1^2}{\tan \varkappa}\right]^{\frac{1}{3}} \cdot \left[\frac{v_w}{v_s}\right]^{\frac{1}{3}} \cdot \left[\frac{a}{d_s} \cdot \frac{d_w \pm d_s}{d_w}\right]^{\frac{1}{6}} \tag{4}$$

Beim Flachschleifprozeß vereinfacht sich diese Beziehung mit $d_w \to \infty$ zu:

$$N_{\text{dyn}} = 1{,}2 \left[\frac{2\,C_1^2}{\tan \varkappa}\right]^{\frac{1}{3}} \cdot \left[\frac{v_w}{v_s}\right]^{\frac{1}{3}} \cdot \left[\frac{a}{d_s}\right]^{\frac{1}{6}} \tag{5}$$

Dabei handelt es sich bei C_1 um eine Schleifscheibenkonstante, welche die Schneidendichte, d. h. die in einer bestimmten Tiefe der Schleifscheibenumfangsfläche tatsächlich vorhandene statische Schneidenzahl wiedergibt. Der Winkel $\varkappa$ gibt die Neigung der Kornflanken in axialer Richtung der Schleifscheibe an.

Gl. (5) ist zu entnehmen, daß mit Zunahme der Scheibengeschwindigkeit ein Abfall der dynamischen Schneidenzahl verbunden ist. Der Begriff dynamische Schneidenzahl bezieht sich dabei auf die Schleifscheibenoberflächeneinheit. Die Schnittkraft ist die Summe aller Kräfte an den augenblicklich in der Kontaktfläche im Eingriff stehenden Schneiden, so daß allein aus der Größe der dynamischen Schneidenzahl noch nicht auf die Höhe der zu erwartenden Schnittkraft geschlossen werden kann.

Aus Abb. 12 ergibt sich die Kontaktfläche zwischen Schleifscheibe und Werkstück zu:

$$A_k = l_k \cdot b_s \tag{6}$$

Unter der Berücksichtigung, daß $d_s \gg l_k$, kann der Bogen $\widehat{AB}$ durch eine Sehne AB angenähert werden, so daß gilt:

$$A_k = (a \cdot d_s)^{\frac{1}{2}} \cdot b_s \tag{7}$$

Die im folgenden definierte momentan wirkende Gesamtschneidenzahl N_{mom} ergibt sich bei unveränderter Zustellung und Scheibengeometrie dann zu:

$$N_{\text{mom}} = A_k \cdot N_{\text{dyn}} \tag{8}$$

Neben der dynamischen Schneidenzahl nehmen die Spandicken und die Eingriffslängen ebenfalls mit der Scheibengeschwindigkeit ab [13, 15, 16, 17, 18], was von KASSEN und WERNER [10] durch folgende, für das Flachschleifen geltende Beziehung wiedergegeben wird:

$$\bar{a}_n = 0{,}70 \left(\frac{2}{C_1 \cdot \tan \varkappa}\right)^{\frac{1}{3}} \cdot \left(\frac{v_w}{v_s}\right)^{\frac{1}{3}} \cdot \left(\frac{a}{d_s}\right)^{\frac{1}{6}} \tag{9}$$

Aus den beiden Beziehungen (8) und (9) ergibt sich, daß mit Erhöhung der Schleifscheibengeschwindigkeit auf Grund sinkender momentaner Gesamtschneidenzahl und Spanungsdicke die Schnittkraft abnehmen muß.

Zur Erklärung der in Abb. 11 dargestellten Zusammenhänge kann ebenfalls die momentan wirksame Schneidenzahl N_{mom} herangezogen werden.

Die Gl. (5) kann unter der Voraussetzung, daß nur Zustellung und Werkstückgeschwindigkeit variabel sind, wie folgt dargestellt werden:

$$N_{\text{dyn}} = K \cdot v_w^{\frac{1}{3}} \cdot a^{\frac{1}{6}} \tag{10}$$

Gl. (10) gibt an, daß die auf die Schleifscheibenoberflächeneinheit bezogene dynamische Schneidenzahl mit der Werkstückgeschwindigkeit stärker ansteigt als mit der Zustellung. Die momentan eingreifende Gesamtschneidenzahl jedoch ergibt sich als Produkt aus der Kontaktfläche (Gl. 6) und der dynamischen Schneidenzahl (Gl. 10) zu folgender Beziehung:

$$N_{\text{mom}} = K_1 \cdot v^{\frac{1}{3}} \cdot a^{\frac{2}{3}} \tag{11}$$

Die momentane Schneidenzahl steigt also in stärkerem Maße mit der Zustellung als mit der Werkstückgeschwindigkeit, d. h., die Schnittkräfte müssen mit zunehmender Zustellung ansteigen. Das Verhalten der Schnittkraft in Abhängigkeit von der Zustellung und der Werkstückgeschwindigkeit (Abb. 11), wie es aus experimentellen Versuchen gewonnen wurde, stimmt also auch mit theoretischen Betrachtungen der Kinematik des Schleifprozesses überein.

Der Darstellung in Abb. 11 kann außerdem entnommen werden, daß die Normalkraft bei Verwendung bakelitischer Schleifscheiben wesentlich höhere Werte als beim Schleifen mit keramischen Scheiben annimmt.

Trägt man die Schnittkräfte als Funktion der momentanen Schneidenzahl gemäß Gl. (11) auf, ergibt sich der in Abb. 13 gezeigte Verlauf. Die gemessene Schnittkraft als Summe aller Einzelkräfte steigt demnach in geringerem Maße als die Schneidenzahl N_{mom} zunimmt. Da die Gesamtschnittkraft sich als Produkt aus der Kraft pro Einzelkorn und der momentan wirkenden Schneidenzahl N_{mom} ergibt, muß demnach die Kraft pro Einzelkorn mit Erhöhung der Zustellung und gleichzeitiger Verminderung der Werkstückgeschwindigkeit abnehmen, da sich trotz Erhöhung der Schneidenzahl N_{mom} der in Abb. 13 dargestellte, degressive Verlauf ergibt. Diese Verringerung der am Korn wirksamen Einzelkraft ist aber durch die mit Erhöhung der Zustellung und abnehmender Werkstückgeschwindigkeit nach Gl. (9) sich ergebenden abnehmenden Spanungsdicke erklärbar.

6.2 Der Einfluß auf die Oberflächenrauheit und den Scheibenverschleiß

Auch die Oberflächengüte eines durch Flachschleifen erzeugten Werkstückes wird wesentlich durch die momentan in der Kontaktzone zwischen Schleifscheibe und Werkstück befindlichen Anzahl der Schneiden beeinflußt. Da die Schneidenzahl N_{mom} bei steigender Zustellung und gleichzeitig verringerter Werkstückgeschwindigkeit, d. h. konstanter Zerspanleistung, ansteigt, ist zu erwarten, daß der arithmetische Mittenrauhwert R_a mit zunehmender Zustellung abnimmt, da auf Grund der sich nach Gl. (9) mit größer werdender Zustellung ergebenden geringeren Spanungsdicke sich eine Verbesserung der Oberflächenqualität ergeben muß.

Wie der Darstellung der Abb. 14 zu entnehmen ist, bestätigen sich diese Zusammenhänge durch den praktischen Versuch.

Daraus folgt, daß beim Flachschleifen eine hohe Oberflächenqualität nur durch große Zustellungen, d. h. nur bei Zulassung höherer Schnittkräfte möglich wird.

Die Abhängigkeit des Radius- und Kantenverschleißes von der Zustellung und der Werkstückgeschwindigkeit ist den Abb. 15 und 16 zu entnehmen.

In beiden Fällen ist ein Anstieg des Verschleißes mit Erhöhung der Zustellung gegeben. Während der Kantenverschleiß degressiv ansteigt, ist für den Radiusverschleiß ein progressives Ansteigen gegeben. Dieser Zusammenhang ist auf die gegenseitige Beeinflussung der beiden Verschleißarten zurückzuführen.

Praktisch kann ein konstanter Kantenverschleiß dann erzielt werden, wenn der Radiusverschleiß gerade so groß ist, daß eine Zunahme des Kantenverschleißes durch das gegenseitige Ansteigen des Radiusverschleißes kompensiert wird.

Dieser Tatbestand bietet die Möglichkeit, bei entsprechenden Einstellbedingungen über lange Zeit einen gleichmäßigen Kantenverschleiß, d. h. im Werkstück eine im Toleranzfeld liegende Kantenabrundung zu erhalten.

6.3 Der Einfluß auf die Gefügestruktur der Werkstückoberfläche

Eines der wichtigsten Qualitätsmerkmale eines geschliffenen Werkstückes ist neben der Oberflächengüte, der Maß- und Formhaltigkeit ein von thermischer Beeinflussung freies Werkstück. Inwieweit die Ausbildung der Oberflächenrandzone von den Schleifparametern beeinflußt wird, insbesondere von der unterschiedlichen Kombination von Zustellung und Werkstückgeschwindigkeit, wird in diesem Kapitel näher untersucht. So ergab sich bei der sehr geringen Werkstückgeschwindigkeit von $v_w = 12,5$ mm/s und der Zustellung von 1,2 mm, das entspricht einer Zerspanleistung von $Z' = 15$ mm³/mm · s, eine durch thermischen Einfluß sichtbar beeinträchtigte Werkstückoberfläche. In Abb. 9 wurde dieser Versuchspunkt mit der Bemerkung »Brandmarken« gekennzeichnet.

Das Schliffbild des Werkstückes (Abb. 17) zeigt, daß in einer Randzone von etwa 600 µm eine Umwandlung des normalisierten Grundgefüges stattgefunden hat. Der Übergang von dem unbeeinflußten, perlitisch-ferritischen Grundgefüge zur Einbrandzone ist scharf abgegrenzt.

Die maximale Vickers-Härte, welche mit einem Kleinlasthärteprüfgerät bestimmt wurde, beträgt HV 100 = 1050 kp/mm². Es ist also mehr als eine Verdreifachung der Härte des Grundgefüges von HV 100 = 300 kp/mm² eingetreten.

Eine Erhöhung der Werkstückgeschwindigkeit um das 4fache und eine Verminderung der Zustellung nur um das 1,5fache ergibt, trotz einer nunmehr um nahezu das 3fache gesteigerten Zerspanleistung eine wesentlich verringerte Tiefe der umgewandelten Zone in der Werkstückoberfläche.

Abb. 18 oben zeigt den Querschnitt einer bei einer Zustellung von $a = 800$ µm geschliffenen Nut. Obwohl die Zerspanleistung nunmehr $Z' = 40$ mm³/mm · s beträgt, gegenüber $Z' = 15$ mm³/mm · s in Abb. 17, ist die Tiefe der Umwandlungszone um das 6fache verringert worden.

Hierbei wird der auf die thermische Beeinflussung außerordentlich wichtige Einfluß des Geschwindigkeitsverhältnisses deutlich. Selbst eine Erhöhung der Zerspanleistung kann unter dem günstigen Einfluß eines geringeren Geschwindigkeitsverhältnisses noch eine Verminderung der thermischen Belastung des Werkstückes hervorrufen.

Wird darüber hinaus die Zustellung und die Werkstückgeschwindigkeit so variiert, daß bei gleicher Zerspanleistung und hoher Werkstückgeschwindigkeit eine um das gleiche Maß verminderte Zustellung wirksam wird, kann selbst bei der außerordentlich hohen Zerspanleistung von $Z' = 40$ mm³/mm · s, die etwa das 40fache über den beim konventionellen Schleifen üblichen Werten liegt, eine unbeeinflußte, blanke Oberfläche erzielt werden.

In Abb. 18 unten sind als Gegenüberstellung zu Abb. 18 oben die Gefügeschliffbilder einer von thermischen Gesichtspunkten her einwandfreien Werkstückrandzone dargestellt.

Eine Begründung für dieses Verhalten kann einmal durch die bei hoher Zustellung und gleichzeitig verminderter Werkstückgeschwindigkeit ansteigenden Eingriffslänge l_e gegeben werden [9]. Das einzelne Korn bleibt dadurch länger in der Kontaktfläche wirksam. Außerdem steigt die momentan im Eingriff stehende Anzahl der Schneiden mit der Zustellung wesentlich stärker an, als mit der Werkstückgeschwindigkeit (Gl. (11)).

7. Wirtschaftlichkeitsbetrachtung beim Flachschleifen

In den vorausgegangenen Kapiteln wird an Hand von Untersuchungsergebnissen nachgewiesen, daß bei konstanter Zerspanleistung das Flach-Einstechschleifen mit sehr hohen Zustellungen die ungünstigeren Ergebnisse liefert. Ausgenommen davon ist die Oberflächenrauheit des geschliffenen Werkstückes, welche mit hoher Zustellung und niedriger Werkstückgeschwindigkeit abnimmt.
Zur Beurteilung eines Verfahrens muß jedoch neben der Qualität der erzeugten Produkte auch die Kostenfrage berücksichtigt werden.
In diesem Zusammenhang seien im folgenden einige grundlegende Überlegungen angestellt.
Während beim Rundschleifen die Hauptzeit, d. h. die reine Schleifzeit, allein durch die Höhe der Zerspanleistung charakterisiert wird, so daß also die Wirtschaftlichkeit des Verfahrens von der Höhe der Zerspanleistung bestimmt wird, muß beim Flachschleifen darüber hinaus der Zeitanteil für den Überlauf- und Umsteuervorgang in das Ergebnis der Wirtschaftlichkeitsberechnung eingehen.
Unter der Voraussetzung, daß der Werkstücktisch nach jedem Hub mit konstanter Beschleunigung abgebremst bzw. beschleunigt wird und daß nach jedem Hub mit einem gewissen Überlauf gerechnet werden muß, kann zur Berechnung der Hauptzeit formuliert werden:

$$t_h = i \left[\frac{l_w + 2 \cdot l_{\ddot{u}}}{v_w} + 2 \frac{v_w}{b} \right] \tag{12}$$

mit t_h = Hauptzeit, i = Anzahl der Hübe, l_w = Werkstücklänge, $l_{\ddot{u}}$ = Überlaufstrecke, v_w = Werkstückgeschwindigkeit, b = Umsteuerbeschleunigung.
Die qualitative Darstellung der Gl. (12) ist in Abb. 19 wiedergegeben.
Daraus läßt sich entnehmen, daß eine optimale Werkstückgeschwindigkeit existiert, oberhalb welcher wieder eine Zunahme der Hauptzeit auftritt. Durch Nullsetzen der ersten Ableitung der Gl. (12) ergibt sich die optimale Werkstückgeschwindigkeit zu:

$$v_{w\,opt} = \sqrt{\frac{b}{2} (l_w + 2 \cdot l_{\ddot{u}})} \tag{13}$$

Die optimale Werkstückgeschwindigkeit ist also eine reine Maschinengröße und hängt in erster Linie von der Umsteuerbeschleunigung und der Werkstücklänge ab. Diese Aussage bedeutet für den Konstrukteur einer Flachschleifmaschine, daß bei der Auslegung des Maschinenantriebes eine Werkstücklänge zugrunde gelegt werden sollte, die der Länge der Aufspannfläche entspricht.
Aus Gl. (12) läßt sich weiterhin entnehmen, daß die gleiche Hauptzeit bei verschiedener Kombination der Zustellung und der Werkstückgeschwindigkeit erreichbar ist, denn die Anzahl der Hübe i errechnet sich aus dem Quotienten der Gesamtzustellung und der Zustellung pro Überlauf, so daß gilt:

$$i = \frac{a_{ges}}{a_t} \tag{14}$$

Infolge der unterschiedlichen Möglichkeiten der Kombination aus Zustellung und Werkstückgeschwindigkeit, welche die einzelnen technologischen Qualitätskriterien beeinflussen, muß unter Berücksichtigung der in Abb. 19 wiedergegebenen qualitativen

Verläufe der durch Gl. (12) gegebenen Zusammenhänge jeweils ein Punkt existieren, bei welchem sich ein Werkstück mit einem Minimum an Zeitaufwand von technologisch vorgegebener Qualität erzeugen läßt. Im einzelnen sei dieser Zusammenhang näher beschrieben.

Wird als Beurteilungskriterium z. B. eine maximal vorgegebene Schnittkraft vorausgesetzt, so kann gemäß der ermittelten Untersuchungsergebnisse (Abb. 11) bei einer vorgegebenen Profiltiefe (a_{ges} = const) mit geringer werdender Einzelzustellung a_i mit höherer Werkstückgeschwindigkeit gearbeitet werden. Die Grenzzerspanleistung kann daher mit hoher Überlaufzahl (= geringer Einzelzustellung) gesteigert werden, ohne daß die Schnittkräfte über das geforderte Maß zunehmen und ohne daß eine thermische Überbelastung der Randzone des geschliffenen Werkstückes zu erwarten ist.

Die in Abb. 19 gestrichelt eingezeichneten Kurvenzüge stellen die Zunahme der jeweiligen Zerspanleistung durch Erhöhung der Werkstückgeschwindigkeit dar. Die bei i_4 theoretisch erreichbare Grenzzerspanleistung wird dabei nur bis zum Hauptzeitminimum gesteigert. Je geringer die Hubzahl gewählt wird, desto geringer muß die bei Erreichen des Grenzkriteriums vorliegende Grenzzerspanleistung sein. Verbindet man die einzelnen Endpunkte auf den Kurven gleicher Hubzahl, so erhält man ein Zeitminimum mit der dazugehörigen Werkstückgeschwindigkeit.

Für andere Qualitätskriterien, wie Schleifscheibenverschleiß, Form- und Maßhaltigkeit ergeben sich ähnliche Minima, während für die Oberflächengüte aus kinematischer Sicht in jedem Falle die geringst mögliche Zahl der Überläufe günstig ist. Für jede Kombination von Schleifscheibe, Werkstückstoff und Kühlmittel ergeben sich verschiedene Zeitminima.

Es dürfte in Zukunft möglich sein, mit Hilfe elektronischer Datenverarbeitungsanlagen, gestützt auf die in vorliegendem Kapitel aufgezeigten Möglichkeiten, für jeden Bearbeitungsfall die wirtschaftlichsten Bedingungen zu errechnen.

Die hier an Hand des Beispieles der Hauptzeitminimierung dargelegten Zusammenhänge können bei Kenntnis entsprechender Daten auf eine Kostenminimierung ausgedehnt werden, so daß je nach Art der betriebspolitischen Zielsetzung die Wirtschaftlichkeit des Verfahrens errechnet werden kann.

8. Betrachtungen zur Stabilität des Schleifverfahrens

Wie in den vorangegangenen Kapiteln gezeigt wurde, geht von der momentan im Eingriff befindlichen Schneidenzahl ein für das Arbeitsergebnis wesentlicher Einfluß aus. Inwieweit diese Schneidenzahl N_{mom} neben anderen Größen auch für das Ratterverhalten eines Schleifprozesses verantwortlich ist, wird im folgenden näher betrachtet.

8.1 Darstellung des Schleifverfahrens an Hand eines Regelkreises

Ratterschwingungen beim Schleifen können durch Fremd- und durch Selbsterregung entstehen. Bei der weiteren Betrachtung des Ratterverhaltens sollen jedoch nur die durch den Schleifprozeß selbst induzierten Schwingungen berücksichtigt werden [23], da diese selbst bei der Ausschaltung aller Fremderregerquellen auftreten können.

Dieser Effekt der Selbsterregung wird auch als Regenerativeffekt bezeichnet [19, 20, 24], welcher dadurch gekennzeichnet ist, daß durch den Schnittprozeß selbst dynamische

Schnittkräfte erzeugt werden, die das Schwingungssystem Maschine–Werkstück–Schleifscheibe zu Eigenschwingungen anregen.

Diese dynamischen Kräfte hängen von verschiedenen Einflußgrößen ab, deren Zusammenwirken in Form eines geschlossenen Regelkreises anschaulich dargestellt werden kann (Abb. 20).

Die zwischen Werkstück und Schleifscheibe wirksame statische Schnittkraft, welche von den Zerspanbedingungen abhängt, ruft eine statische Verformung der Maschine hervor (Schleifspindel $x_{sp}(t)$, Werkstückaufnahme $x_w(t)$). Außerdem verformt sich die Kontaktzone zwischen Schleifscheibe und Werkstück ($x_K(t)$).

Der Verschleiß der Schleifscheibe $x_s(t)$ ist bei einer homogenen Scheibe ebenfalls von dieser Kraft abhängig, so daß die theoretische Spanungstiefe $a(t)$ im statischen Fall beim Flachschleifen bzw. nach der ersten Werkstückumdrehung beim Rundschleifen um den Faktor

$$x_R(t) = x_{sp}(t) + x_w(t) + x_k(t) + x_s(t) \tag{15}$$

reduziert wird. Für das Außenrundschleifen gilt ab der ersten Umdrehung:

$$x_R(t) = x_s(t) \tag{16}$$

Im dynamischen Fall gilt ebenso die Gl. (15); es müssen nur die entsprechenden dynamischen Werte eingesetzt werden.

Diese statische Schnittkraft ist jedoch für den Rattervorgang ohne Bedeutung, da die Schleifmaschine mit guter Näherung als ein lineares Schwingungssystem aufgefaßt werden kann.

Das dynamische Verhalten des Regelkreises wird durch die Eigenschaften und Wechselwirkungen der einzelnen Blöcke bestimmt. Bei Kenntnis der einzelnen Glieder des Regelkreises und deren Größe kann grundsätzlich eine Aussage über das Stabilitätsverhalten des Schleifprozesses gewonnen werden.

In diesem Zusammenhang kommt dem dynamischen Verhalten der Schleifmaschine bei der Beurteilung des Ratterverhaltens eine besondere Bedeutung zu, da die relative Bewegung zwischen Schleifscheibe und Werkstück eine Änderung der Spanungsdicke zur Folge hat, so daß eine quantitative Erfassung dieser Verlagerung ($x_{sp} + x_w$) in Richtung der Zustellung nach Phase und Frequenz notwendig ist.

Das Übertragungsverhalten des Schleifprozesses wird durch den mit K_w bezeichneten Spandickenkoeffizienten beschrieben, welcher die Beziehung zwischen einer Spandickenänderung und der dadurch erzeugten Schnittkraftänderung wiedergibt. Von WERNER [25] wurde der Zusammenhang zwischen Schnittkraft und Eindringtiefe unter Berücksichtigung der Arbeitsbedingungen durch folgende Gleichung wiedergegeben:

$$F_n' = f(A, B, C) \left(\frac{1}{q}\right)^\alpha a^\beta \tag{17}$$

Nach der Differentiation nach a erhält man:

$$\frac{dF_n'}{da} = K_w' = f(A, B, C) \left(\frac{1}{q}\right)^\alpha \cdot \beta \cdot a^{\beta-1} \tag{18}$$

Hierbei hängen A, B und C ab von der Art des geschliffenen Materials, der Geometrie des Werkstückes und der Scheibe sowie von Schleifscheibeneigenschaften und den Abrichtbedingungen.

Diese Größen stehen wiederum mit der Schleifscheibenumfangsgeschwindigkeit in enger Beziehung.

Aus der Darstellung in Abb. 21 ist zu entnehmen, daß der Spandickenkoeffizient K'_w ab einer bestimmten Eindringtiefe noch von der Schleifscheibenumfangsgeschwindigkeit abhängt und einen unlinearen Verlauf über der Schnittkraft zeigt.

An Hand dieser Überlegungen bzw. den Versuchsergebnissen darf die Spanungsdicke nicht mehr als konstante, von Schnittkraft und Scheibengeschwindigkeit unabhängige Größe angesehen werden. Richtiger ist die Wiedergabe des Spandickenkoeffizienten in Form einer komplexen mathematischen Größe, welche sich, bezogen auf 1 mm Schleifbreite, wie folgt darstellen läßt:

$$K'_w = \frac{K_w}{b_s} = \frac{1}{b_s} \cdot \frac{dF}{da}(i\omega) = f(a)(i\omega) \qquad (19)$$

Dabei ist $f(a)$ eine Funktion der Spanungstiefe. Während des Schleifprozesses stellt sich ein gewisser Arbeitspunkt ein, in welchem dieser Koeffizient als konstante Größe betrachtet und in der Form

$$K'_w = (K'_{wr} + i K'_{wi}) \qquad (20)$$

wiedergegeben werden kann.

Dieser Zusammenhang kann auch in Form einer Ortskurve für jeden Arbeitspunkt bestimmt werden.

In der Darstellung des Schleifprozesses als geschlossener Regelkreis in Abb. 20 ist weiterhin als Haupteinflußparameter die Kontaktsteife angegeben, deren Einfluß im nächsten Kapitel näher untersucht werden soll.

8.2 Zusammenhang zwischen der Kontaktsteife und den Arbeitsbedingungen

Bei der Untersuchung der Kontaktsteife sind allgemein die folgenden Einflußparameter von Interesse:

1. Durch den Schleifprozeß bedingte Parameter:
   Schnittgeschwindigkeit $(v_s \pm v_w)$
   Zustellung a
   Geschwindigkeitsverhältnis q
   Abrichtbedingungen
2. Durch Schleifscheibe und Werkstück bedingte Parameter:
   Aufbau der Scheibe (Härte, Körnung, Bindung)
   Geometrie von Scheibe und Werkstück

Zu den genannten Einflußfaktoren wurden im Rahmen dieses Berichtes eine Reihe von Versuchen durchgeführt, die allerdings wegen meßtechnischer Schwierigkeiten beim Außenrund- und nicht beim Flachschleifen vorgenommen wurden, im Prinzip aber auch für dieses Verfahren Gültigkeit besitzen.

Über die Kontaktzonenverformung, welche durch Messung des Werkstückdurchmessers vor und nach dem Schleifen, der Durchbiegung der Spindel und der Werkstückaufnahme sowie des Schleifscheibenverschleißes, gemäß der folgenden Gleichung

$$a_{th} - a_{tat} = x_k + x_{sp} + x_w + x_s \qquad (21)$$

berechnet werden kann, ergibt sich mit der gleichzeitig aufgenommenen Schnittkraft in normaler Richtung die Kontaktsteife zu:

$$c_k = \frac{F_n}{x_k} \qquad (22)$$

Zur Berechnung der Kontaktsteife zwischen Werkstück und Schleifscheibe wird die Werkstückverformung gegenüber der Verformung der Schleifscheibe vernachlässigt, da der E-Modul eines Werkstückes aus Stahl das 5fache des E-Moduls einer keramischen Schleifscheibe beträgt und eine plastische Verformung des Werkstückstoffes beim Anfangskontakt eines Kornes, welcher den größten Kraftanteil verursacht, nicht gegeben ist [25].

Nimmt man weiterhin an, daß jedes Korn in dem Schleifkörper von allen Seiten von einer bestimmten Anzahl von Körnern umgeben ist, die miteinander durch Bindungsbrücken verbunden sind, dann kann unter Zuhilfenahme eines dreidimensionalen Modells die Verformung eines Kornes im Verband berechnet werden.

Dabei kann der Einfachheit halber angenommen werden, daß die statistische Verteilung der Körner sich einem hexagonalen Gitter dichtester Kugelpackung annähert, wie dies in Abb. 22 skizziert ist. Wird dieses Modell nun mit einer Kraft F_n belastet, dann liegt gemäß Abb. 22b ein statisch unbestimmter Belastungsfall vor, dessen Lösung nach dem Kraftgrößenverfahren [8] erfolgen kann. Im vorliegenden Fall wird das ursprüngliche System in drei Belastungsfälle unterteilt (Abb. 23), wobei alle Auflager frei verschiebbare Gelenke sind.

Die drei Belastungsfälle, die an einem Bindungsbrückenpaar auftreten, beeinflussen sich gegenseitig, so daß eine Vielzahl von Verschiebungen vorliegt, deren Berechnung durch die folgende Gleichung vorgenommen werden kann:

$$\delta_{ik} = \frac{1}{E} \left[\int_0^l M_i \cdot M_k \frac{dx}{I} + \int_0^l N_i \cdot N_k \frac{dx}{A_b} \right] \tag{23}$$

wobei k den Ort und i die Ursache der Verformung angibt. Die Integrale in Gl. (23) werden als Formänderungsintegrale bezeichnet und stellen eine Überlagerung der Momentenflächen dar, wobei die Querkräfte wegen ihres geringen Einflusses vernachlässigbar sind. Außerdem tritt keine Torsion auf. Zur Bestimmung der auf der Bindungsbrücke des Modells in Abb. 23 waagerecht wirkenden Kraft F_2 liegt folgende Gleichung vor:

$$F_2 \delta_{22} + F_3 \delta_{23} = -\sigma_{21}$$
$$F_2 \delta_{32} + F_3 \delta_{33} = -\sigma_{31} \tag{24}$$

Daraus folgt:

$$F_2 = \frac{D_2}{D} \tag{25}$$

wobei

$$D = \begin{vmatrix} \delta_{22} & \delta_{23} \\ \delta_{32} & \delta_{33} \end{vmatrix} \quad \text{und} \quad D_2 = \begin{vmatrix} -\delta_{21} & \delta_{23} \\ -\delta_{31} & \delta_{33} \end{vmatrix} \tag{26}$$

Durch Einsetzen von δ_{iK} nach Gl. (23)

$$D = \frac{9 \, l^2}{E^2 I} \left[\frac{l^2 \sin^2 \varphi}{12 \, I} + \frac{\cos^2 \varphi}{A_b} \right) \tag{27}$$

$$D_2 = \frac{3 F_1 l^2 \cos \varphi \sin \varphi}{E^2 I} \left[\frac{l^2}{12 \, I} - \frac{1}{A_b} \right] \tag{28}$$

Daraus ergibt sich:

$$F_2 = \frac{F_1}{3} \tan \varphi \left[\frac{l^2 A_b - 12 \, I}{l^2 A_b \tan^2 \varphi + 12 \, I} \right] \tag{29}$$

Für die Bestimmung der Steifheit des Systems braucht man jetzt lediglich die Verformung in der senkrechten Richtung zu ermitteln.
Diese kann nach dem Reduktionssatz [8] errechnet werden

$$\delta = \frac{3}{E}\left[\int_0^l M_0 M_1 \frac{dx}{I} + \int_0^l N_0 N_1 \frac{dx}{A_b}\right] \tag{30}$$

wobei M_1 und N_1 die erzeugten Kräfte am beliebig gewählten statisch bestimmten System infolge einer senkrechten Last von 1 kp darstellen:

$$N_1 = \frac{1}{3 \sin \varphi} \quad \text{und} \quad M_1 = 0 \tag{31}$$

M_0 und N_0 sind die errechneten Momente und Normalkräfte nach dem statisch unbestimmten Grundsystem.

$$N_0 = \left[\frac{F_1}{3 \sin \varphi} + F_2 \cos \varphi\right] \tag{32}$$

Unter Berücksichtigung von Gl. (26) ist δ mit $\varphi = 54°42'$ nach Gl. (30) zu errechnen:

$$\delta = \frac{lF_1}{18\,E A_b}\left[\frac{11\,l^2 A_b + 12\,I}{l^2 A_b + 4\,I}\right] \tag{33}$$

Daraus folgt die elementare Federsteife eines Kornes im Schleifkörper:

$$c_k = \frac{F_1}{\delta} = \frac{18\,E A_b}{l}\left[\frac{l^2 A_b + 4\,I}{11\,l^2 A_b + 12\,I}\right] \tag{34}$$

Betrachtet man die gleichzeitig im Eingriff befindlichen Schneiden als parallel geschaltete Federelemente, dann kann die Gesamtsteife zwischen Schleifscheibe und Werkstück in Abhängigkeit von den Schleifparametern und den geometrischen Größen wie folgt ermittelt werden:

$$c_{K\,\text{ges}} = c_K \cdot N_{\text{mom}} \tag{35}$$

Setzt man die Beziehung für c_K aus Gl. (34) und für N_{mom} aus Gl. (8) ein, dann erhält man die gesamte Kontaktsteife:

$$c_{K\,\text{ges}} = 1,2\left[\frac{18\,E A_b}{l}\left(\frac{l^2 A_b + 4\,I}{11\,l^2 A_b + 12\,I}\right)\right]\left(\frac{v_w}{v_s}\right)^{\frac{1}{3}} a^{\frac{2}{3}}\left[\frac{d_w \cdot d_s}{d_w + d_s}\right]^{\frac{1}{3}}\left(\frac{2\,C_1}{\tan \varkappa}\right)^{\frac{1}{3}} \tag{36}$$

Diese Beziehung gilt für das Außenrundschleifen. Für das Innenschleifen ist statt $(d_w + d_s)$ der Ausdruck $(d_w - d_s)$ einzusetzen und beim Flachschleifen mit $d_w = \infty$ ergibt sich die Gesamtkontaktsteife zu:

$$c_{K\,\text{ges}} = 1,2\left[\frac{18\,E A_b}{l}\left(\frac{l^2 A_b + 4\,I}{11\,l^2 A_b + 12\,I}\right)\right]\left(\frac{v_w}{v_s}\right)^{\frac{1}{3}} a^{\frac{2}{3}} d_s^{\frac{1}{3}}\left(\frac{2\,C_1}{\tan \varkappa}\right)^{\frac{1}{3}} \tag{37}$$

Unter Zugrundelegung der Gl. (37) wurde die Kontaktsteife in Abhängigkeit vom Geschwindigkeitsverhältnis ermittelt und in Abb. 24 graphisch dargestellt. Das Versuchsergebnis steht im Einklang mit den vorangegangenen Überlegungen, d. h. mit Erhöhung des Geschwindigkeitsverhältnisses bzw. mit abnehmender Werkstückgeschwindigkeit nimmt die Kontaktsteife infolge der sinkenden momentanen Schneidenzahl ab.

Das gleiche gilt für die in Abb. 25 wiedergegebene Abhängigkeit der Kontaktsteife von der Zustellung *a*. Hier nimmt die momentane Schneidenzahl bei sonst gleichen Bedingungen mit der Zustellung zu, so daß in Abhängigkeit von der Zustellung *a* ein Anstieg der Kontaktsteifigkeit gegeben ist.
Diese Erkenntnisse sind für die weiteren Betrachtungen des Ratterverhaltens eines Schleifprozesses von außerordentlicher Wichtigkeit. Gelingt es, alle Blöcke des in Abb. 20 dargestellten Regelkreises experimentell oder rechnerisch zu ermitteln, dann kann eine Voraussage über die Stabilität eines Schleifprozesses getroffen werden.
Eine Stabilitätsanalyse für die verschiedenen Schleifverfahren bleibt jedoch weiterführenden Untersuchungen vorbehalten.

9. Zusammenfassung

Im Rahmen des vorliegenden Berichtes wurde vorab dem Problem der thermischen Beeinflussung der Werkstückoberfläche durch hohe Schleifscheibenumfangsgeschwindigkeiten und Zerspanleistungen im Hinblick auf den Flachschleifprozeß besondere Bedeutung beigemessen. Eine Möglichkeit, die thermische Belastung in der Werkstückrandzone einzuschränken, wurde durch den Einsatz bakelitisch gebundener Schleifscheiben ermöglicht.
Der in der Praxis häufig vorgebrachte Einwand, daß bakelitisch gebundene Schleifscheiben zum »Altern« neigen, bestätigt sich, wie systematische Untersuchungen gezeigt haben, nur bei Verwendung eines ungeeigneten Kühlmittels.
Beim Einsatz eines Schleiföles ist eine Verminderung der Festigkeitseigenschaften bakelitischer Scheiben durch Altern nicht zu beobachten.
Es wurde weiterhin eine Kühldüsenanordnung entwickelt, mit welcher neben der Zufuhr von Kühlschmiermittel außerdem eine Reinigung und eine Benetzung der Scheibe erzielt werden kann.
Im Hauptteil des Berichtes wird der Einfluß der Schleifscheibenumfangsgeschwindigkeit, der Zustellung und der Werkstückgeschwindigkeit auf das Arbeitsergebnis beim Flachschleifprozeß untersucht.
Insbesondere der Bedeutung des Begriffes Zerspanleistung, welche sich für den Flachschleifprozeß aus dem Produkt aus Zustellung und Werkstückgeschwindigkeit ergibt, wurden umfangreiche Untersuchungen gewidmet.
Es konnte nachgewiesen werden, daß unter der Voraussetzung eines konstanten Produktes aus Zustellung und Werkstückgeschwindigkeit die mit hoher Zustellung und niedriger Werkstückgeschwindigkeit erzielten Zerspanleistungen die ungünstigeren Ergebnisse liefern. Eine Ausnahme davon bildet die Oberflächengüte des geschliffenen Werkstückes, welche sich mit hoher Werkstückgeschwindigkeit bei gleichzeitig verringerter Zustellung verschlechterte.
Zur Deutung der Zusammenhänge wurde die momentan wirksame Gesamtschneidenzahl N_{mom} definiert, die eine schlüssige Erklärung für die gefundenen Zusammenhänge ermöglicht.
Außerdem wird auf die Wirtschaftlichkeit der bei verschiedenen Zustellungen und Werkstückgeschwindigkeiten bei konstanter Zerspanleistung erzielbaren Arbeitsergebnisse eingegangen.

In diesem Zusammenhang werden insbesondere die optimale Kombination von Zustellung und Werkstückgeschwindigkeit sowie der für das Flachschleifen spezifischen Nebenzeitanteil des Tisches berücksichtigt.

Ausgehend von verschiedenen Beurteilungskriterien des erzeugten Werkstückes lassen sich entsprechende, für die Kosten des erzeugten Produktes maßgebende Zeit- und Kostenminima berechnen.

Abschließend wird die Stabilität des Schleifverfahrens behandelt. An Hand eines Regelkreises kann bei Kenntnis der einzelnen Blöcke eine Aussage über den zu erwartenden Stabilitätsgrad des Schleifprozesses gewonnen werden.

Insbesondere wird die Bedeutung der Kontaktsteife zwischen Werkstück und Schleifscheibe hervorgehoben und ein Weg zu deren Berechnung aufgezeigt.

10. Literaturverzeichnis

[1] BLANKENSTEIN, B., Der Zerspanungsprozeß als Ursache für Schnittkraftschwankungen beim Drehen mit Hartmetallwerkzeugen. Dissertation, TH Aachen, 1968.
[2] BRÜCKNER, K., Der Schleifvorgang und seine Bewertung durch die auftretenden Schnittkräfte. Dissertation, TH Aachen, 1962.
[3] CUNTZE, E. O., Entstehung und Minderung von Ratterschwingungen beim Schleifen. Dissertation, TH Braunschweig, 1966.
[4] DAUDE, O., Untersuchung des Schleifprozesses – Zusammenhang zwischen Schleifscheibe, Bearbeitungsbedingungen und Schleifergebnis. Dissertation, TH Aachen, 1966.
[5] ERNST, W., Erhöhte Schnittgeschwindigkeit beim Außenrund-Einstechschleifen und ihr Einfluß auf das Schleifergebnis und die Wirtschaftlichkeit. Dissertation, TH Aachen, 1965.
[6] FUCHS, H., Untersuchungen über den volumetrischen Aufbau keramisch gebundener Schleifkörper, unter besonderer Berücksichtigung der Struktur und deren Auswirkung auf das schleiftechnische Verhalten beim Außenrund-Einstechschleifen. Dissertation, TH Braunschweig 1967.
[7] GÜHRING, K., Hochleistungsschleifen – Eine Methode zur Leistungssteigerung der Schleifverfahren durch hohe Schnittgeschwindigkeiten. Dissertation, TH Aachen 1967.
[8] HIRSCHFELD, K., Baustatik, Theorie und Beispiele 1965.
[9] KASSEN, G., Beschreibung der elementaren Kinematik des Schleifvorganges. Dissertation, TH Aachen, 1969.
[10] KASSEN, G., und G. WERNER, Kinematische Kenngrößen des Schleifvorganges. Industrie-Anzeiger Nr. 87, 91. Jg (1969).
[11] KHUDOBIN, L. V., und A. N. SAMSONOW, High-Pressure Jet Colling in Grinding Machines & Tooling, Vol. 37, No. 8, 1966.
[12] KHUDOBIN, L. V., Movable Coolant-Supply Nozzles for Grinding Machines. Machines & Tooling, Vol. 39, No. 3, 1968.
[13] KOSCHOLKE, G., Grundlagen zur Untersuchung des Innenschleifens. Dissertation, TH Aachen, 1956.
[14] KRUG, H., Die Schnittkräfte beim Flachschleifen (1. und 2. Teil). Werkstatttechnik und Maschinenbau, 47. Jg., Heft 1, Jan. 1957; 2. Teil, 47. Jg., Heft 2, Febr. 1957.
[15] PAHLITZSCH, G., und H. HELMERDIG, Bestimmung und Bedeutung der Spandicke beim Schleifen. Werkstatttechnik, Nr. 11/12, 1943, S. 397.
[16] PEKLENIK, J., Ermittlung von geometrischen und physikalischen Kenngrößen für die Grundlagenforschung des Schleifens. Dissertation, TH Aachen, 1957.
[17] REICHENBACH, G. S., I. E. MAYER, S. KALPAKCIOGLU und M. C. SHAW, The Role of Chip Thickness in Grinding. Trans. ASME, Vol. 78, 1956, S. 847.

- [18] Schwartz, E. K., Zerspanungsablauf und Schleifergebnis beim Außenrundschleifen. Dissertation, TH Aachen 1959.
- [19] Snoeys, R., Chih-Wang, Analysis of the Static and Dynamic Stiffness of the Grinding Wheel Surface. 9th International M.T.D.R. Conference Manchester, 1968.
- [20] Sneoys, R., Instabiliteit van het slijpproces. Ph. D. Thesis (Prof. Peters), University of Louvain 1966.
- [21] Sperling, F., Grundlegende Untersuchungen beim Flachschleifen mit hohen Schleifscheibenumfangsgeschwindigkeiten und Zerspanleistung. Dissertation, TH Aachen, 1970.
- [22] Taskin, A., Untersuchung des Rundschleifverfahrens. Dissertation, TH Aachen, 1944.
- [23] Tobias, S. A., Schwingungen an Werkzeugmaschinen. Carl Hanser Verlag, München 1961.
- [24] Younis, M. A., Ratteruntersuchung beim Außenrundschleifen. Bisher unveröffentlichte Untersuchung des Laboratoriums für Werkzeugmaschinen und Betriebslehre der Technischen Hochschule Aachen.
- [25] Werner, G., Die Bedeutung der extremen Schnittbedingungen für den Spanbildungsvorgang und die Schnittkraft beim Schleifen. Industrie-Anzeiger, 92. Jg., Nr. 6, 1970.
- [26] Deutsches Gebrauchsmuster 1998027 vom 9. 1. 1968. »Vorrichtung zum Reinigen und Kühlen von Schleifscheiben«.
- [27] Gesetz über technische Arbeitsmittel. Drucksache V/834, Februar 1968.
- [28] Sicherheit beim Schleifen – Erläuterungen zur Unfallverhütungsvorschrift »Schleifkörper, Pließt- und Polierscheiben; Schleif- und Poliermaschinen«. DSA Hannover, 1966

Anhang

Gruppen-Nr.	Kühlmedium	Temperatur	Einwirkzeit
1	Emulsion 1:60	20 °C	24 h
2	Emulsion 1:60	50 °C	24 h
3	Schleiföl	20 °C	24 h
4	Schleiföl	50 °C	24 h
5	Luft	20 °C	dauernd

Abb. 1   Versuchsdaten zu Alterungsversuchen

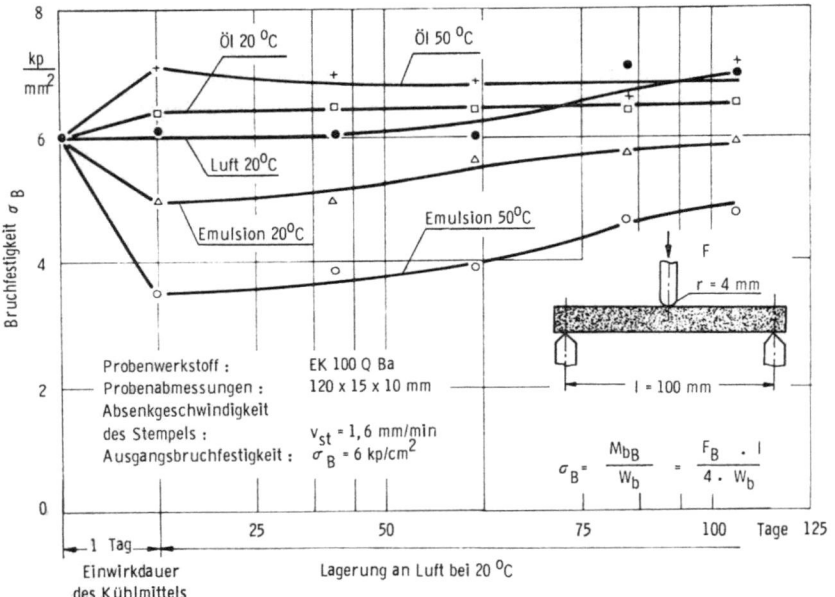

Abb. 2   Veränderung der Festigkeitseigenschaften bakelitisch gebundener Schleifscheiben in Abhängigkeit von der Zeit und vom Kühlmittel

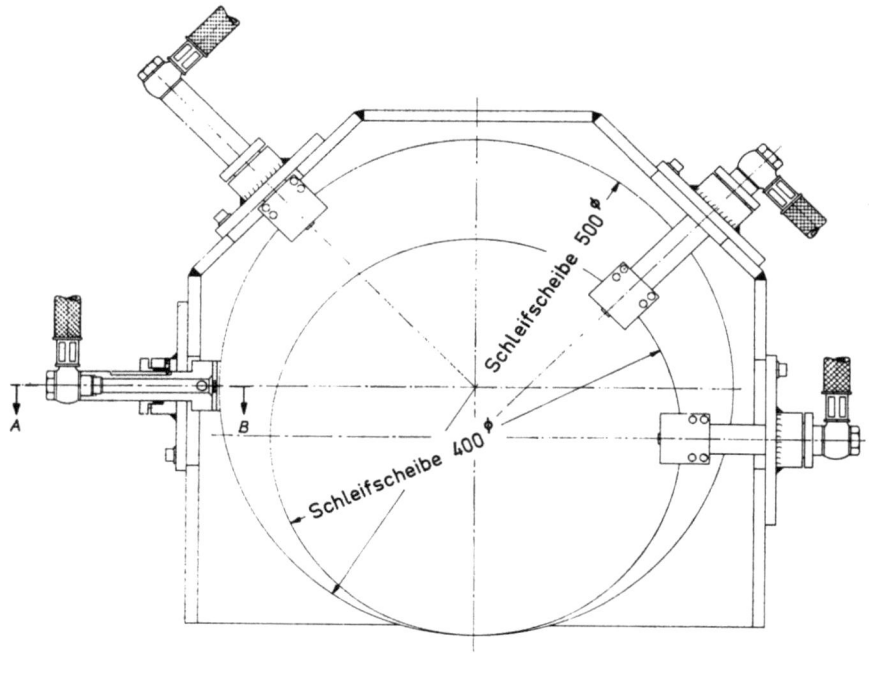

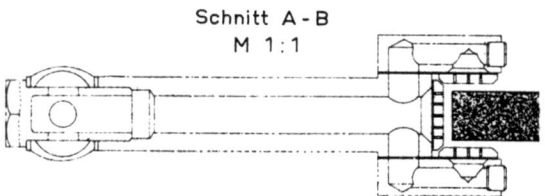

Abb. 3 Anordnung von 4 Kühlmittelzuführungsdüsen

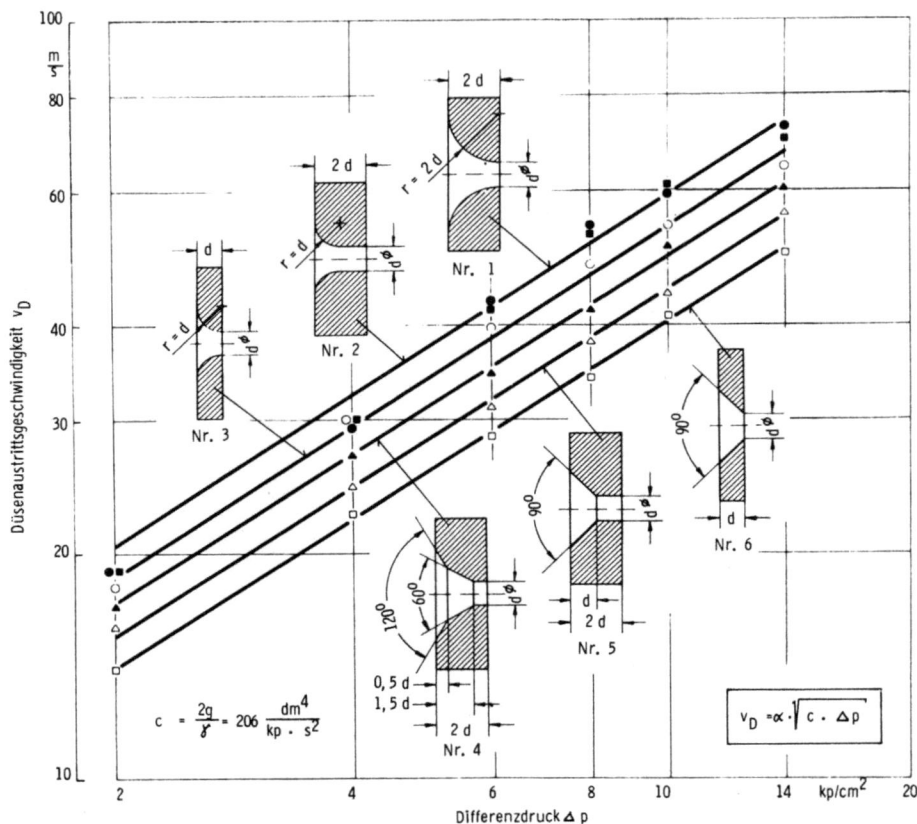

Abb. 4 Düsenaustrittsgeschwindigkeit in Abhängigkeit vom Differenzdruck

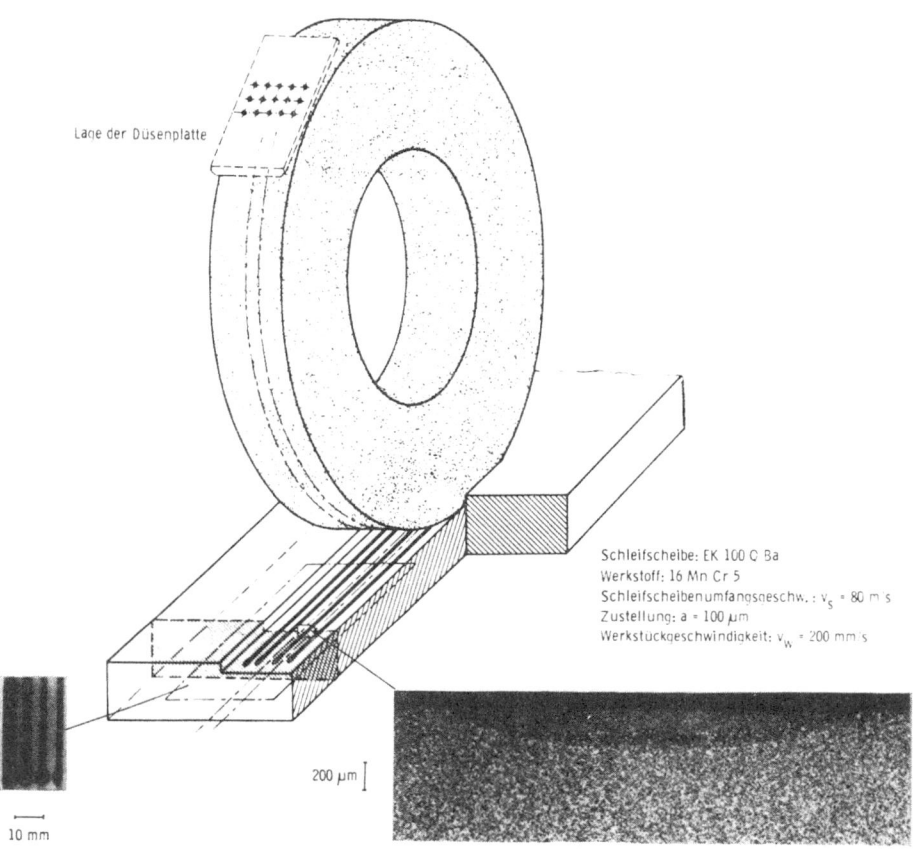

Abb. 5   Reinigungseffekt auf der Schleifscheibenoberfläche

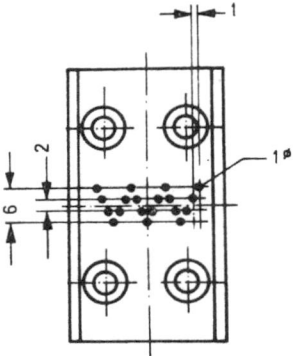

Abb. 6 Düsenplatte mit versetzt angeordneten Austrittsbohrungen

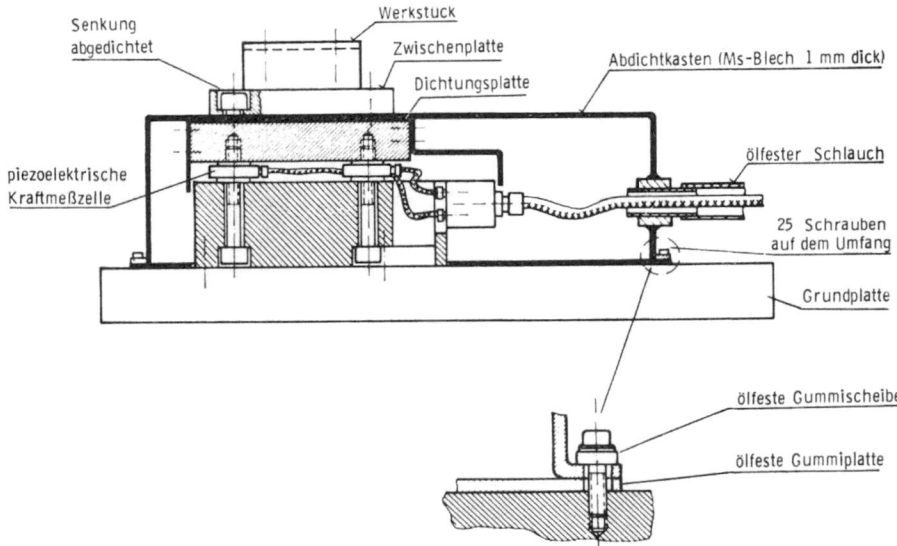

Abb. 7 Schnittkraftmesser mit piezo-elektrischen Kraftmeßzellen

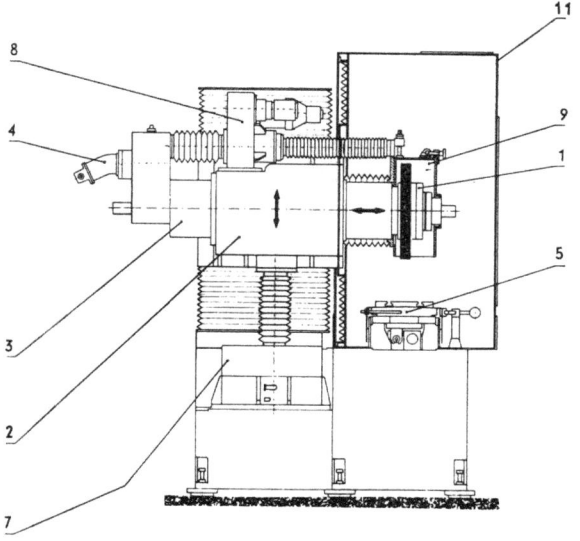

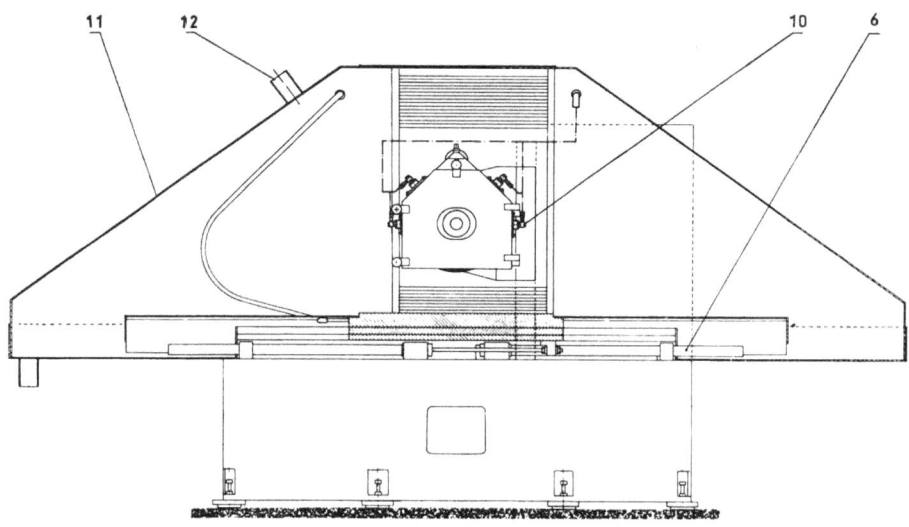

1. hydrostatisch gelagerter Schleifscheibenflansch
2. hydrostatisch gelagerter Vertikalsupport
3. hydrostatisch gelagerte Pinole
4. hydraulischer Spindelantrieb
5. hydrostatisch gelagerter Werkstücktisch
6. hydraulischer Tischantrieb
7. Getriebe für vertikale Verstellung
8. Getriebe für horizontale Verstellung
9. Schutzhaube
10. Kühldüsen
11. Schutzverkleidung
12. Anschluß für Exhauster

Abb. 8 Versuchsmaschine

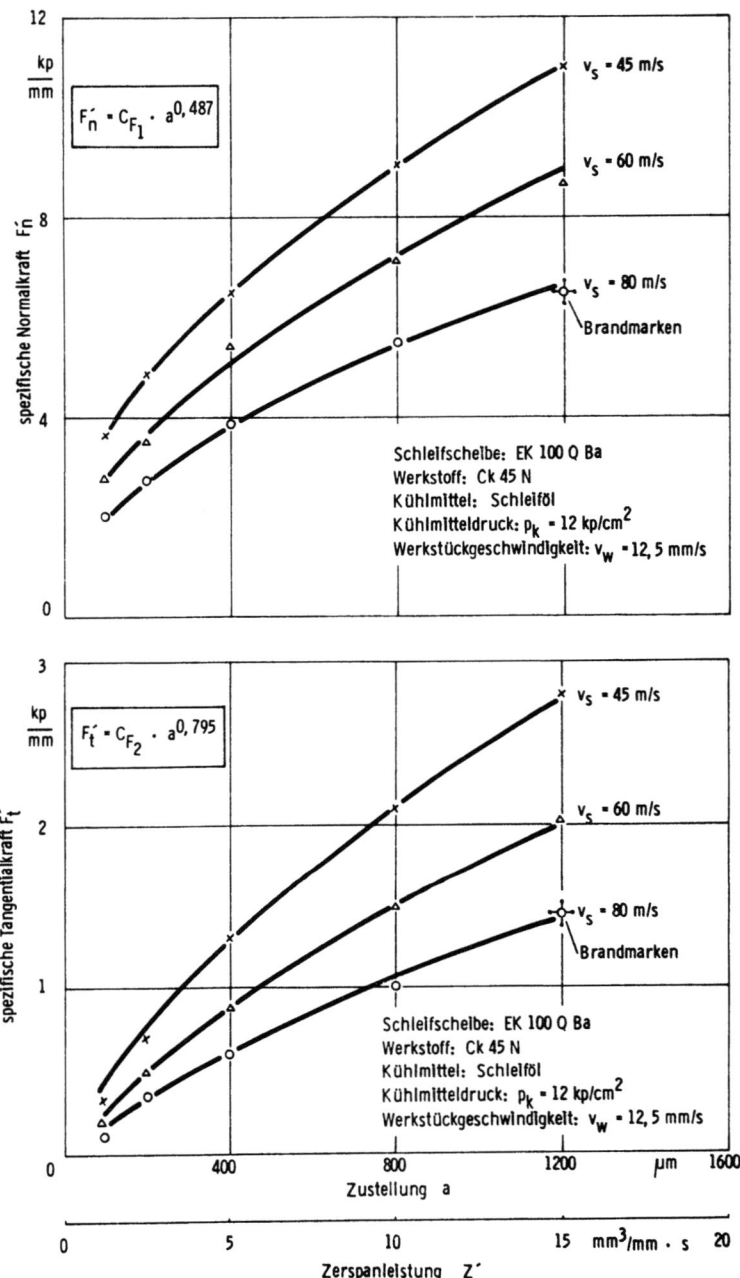

Abb. 9 Spezifische Schnittkräfte in Abhängigkeit von der Zustellung

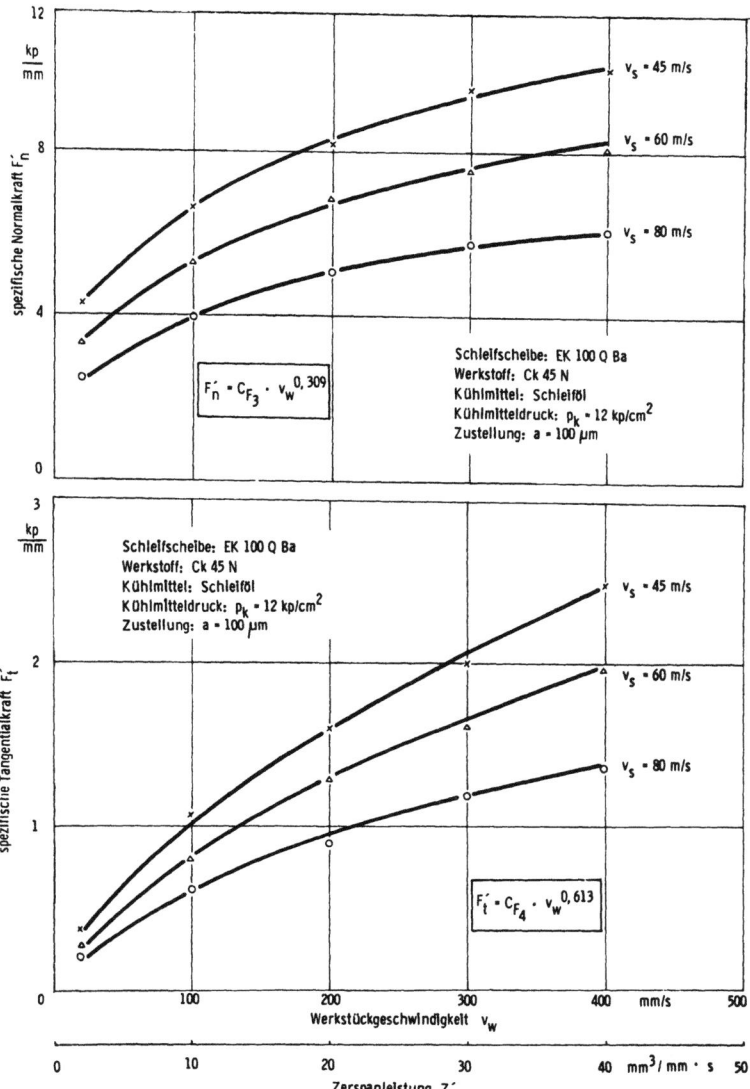

Abb. 10   Spezifische Schnittkräfte in Abhängigkeit von der Werkstückgeschwindigkeit

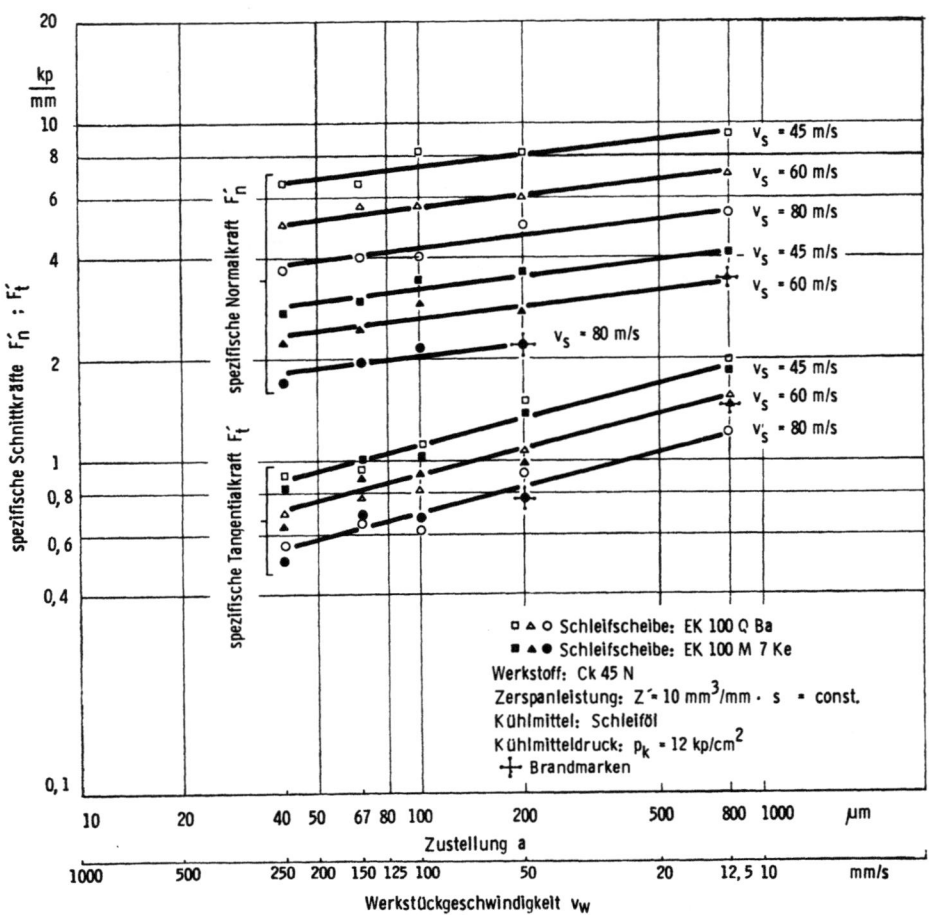

Abb. 11 Spezifische Schnittkräfte in Abhängigkeit von Zustellung und Werkstückgeschwindigkeit für verschiedene Schleifscheiben

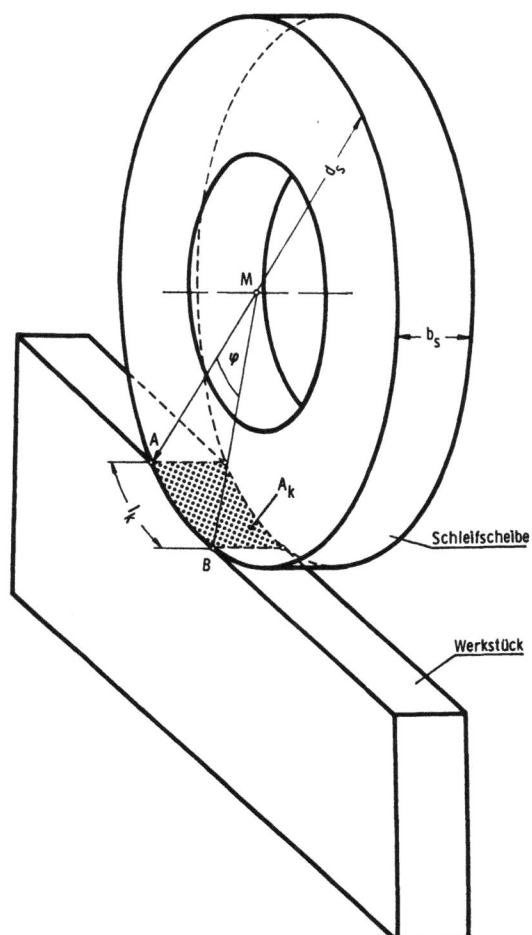

Abb. 12 Kontaktfläche

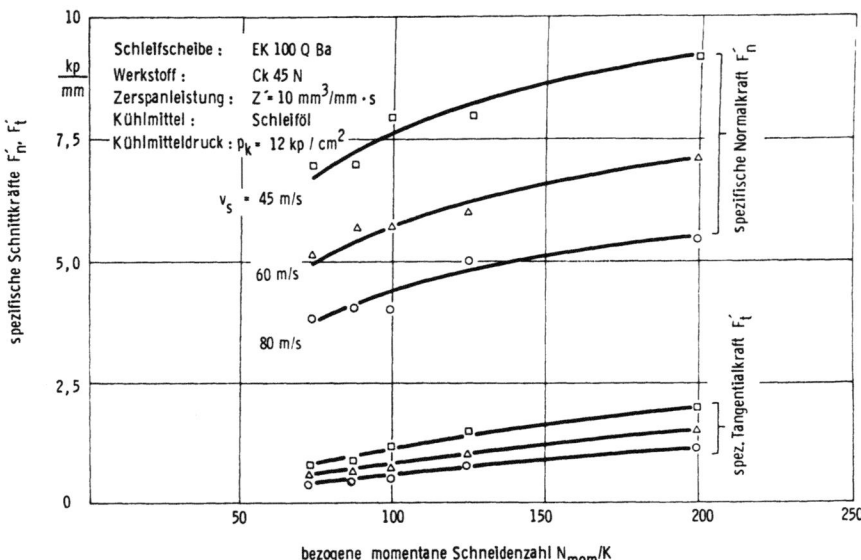

Abb. 13 Spezifische Schnittkräfte in Abhängigkeit von bezogener momentaner Schneidenzahl

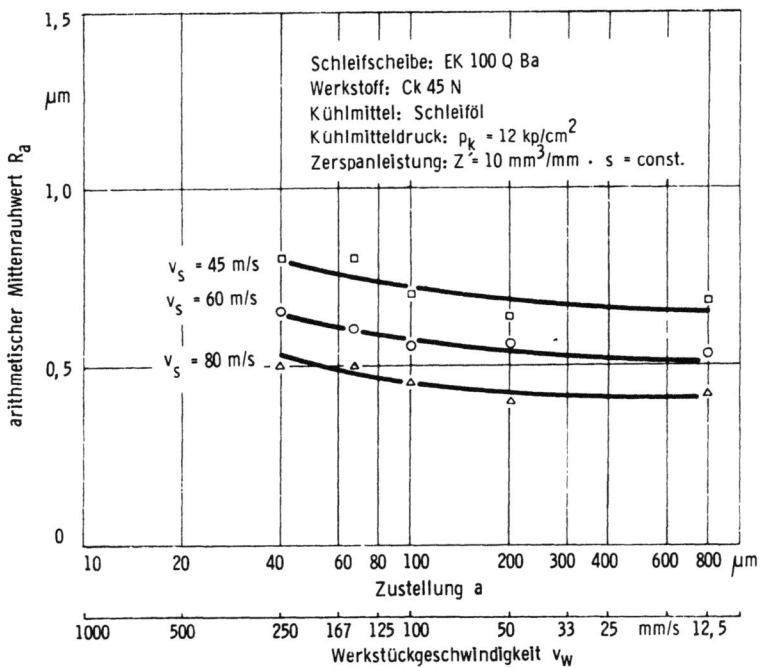

Abb. 14 Arithmetischer Mittenrauhwert in Abhängigkeit von Zustellung und Werkstückgeschwindigkeit

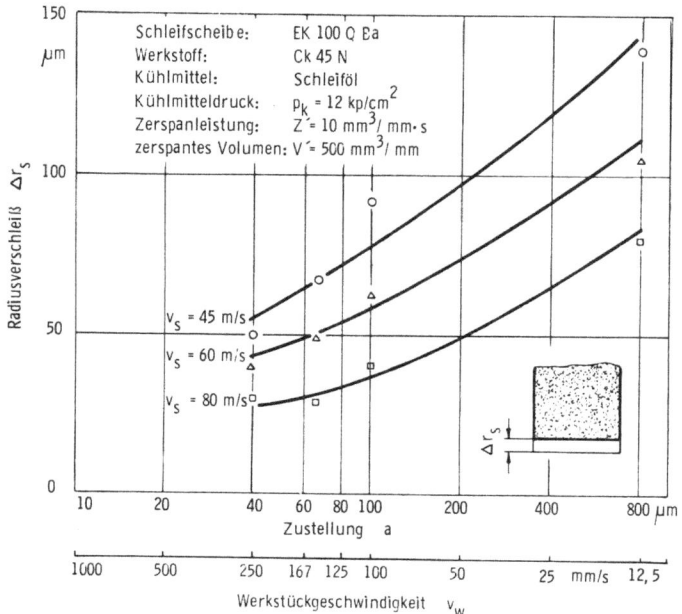

Abb. 15 Radiusverschleiß in Abhängigkeit von Zustellung und Werkstückgeschwindigkeit

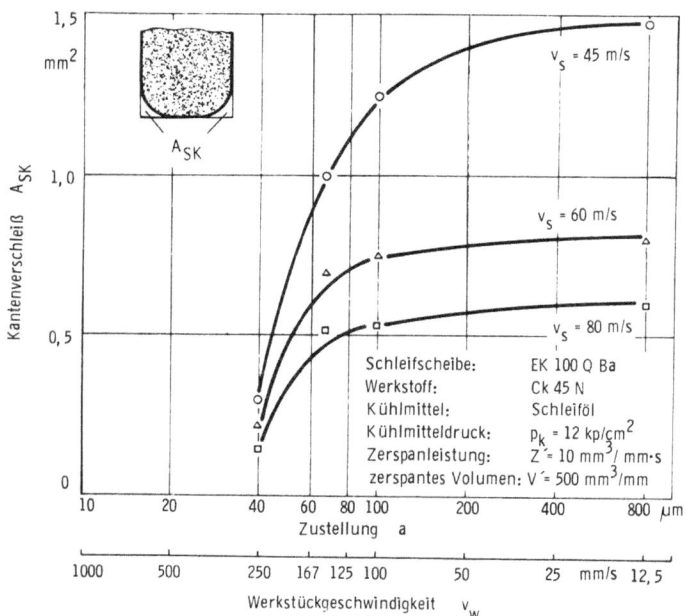

Abb. 16 Kantenverschleiß in Abhängigkeit von Zustellung und Werkstückgeschwindigkeit

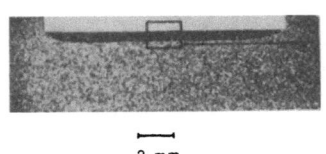 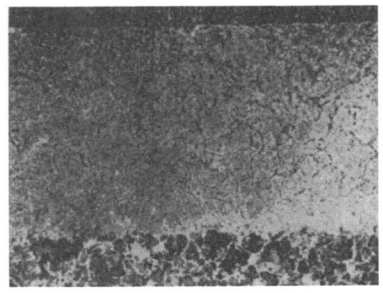

2 mm   100 µm

Zustellung: a = 1200 µm
Werkstückgeschwindigkeit: v_w = 12,5 mm/s
Zerspanleistung: Z' = 15 mm³/mm · s

Schleifscheibe: EK 100 Q Ba
Werkstoff: Ck 45 N
Kühlmittel: Schleiföl
Kühlmitteldruck: p_k = 12 kp/cm²
Schleifscheibenumfangsgeschwindigkeit: v_s = 80 m/s

Abb. 17 Gefügeveränderung in der Werkstückrandzone bei extremen Schleifbedingungen

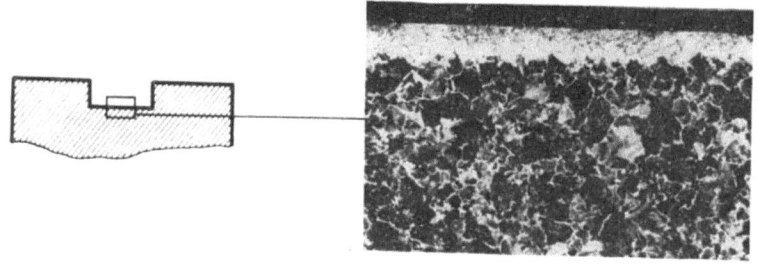

Zustellung: a = 800 μm
Werkstückgeschwindigkeit: v_w = 50 mm/s
Zerspanleistung: Z' = 40 mm³/mm · s

⊢—⊣ 100 μm

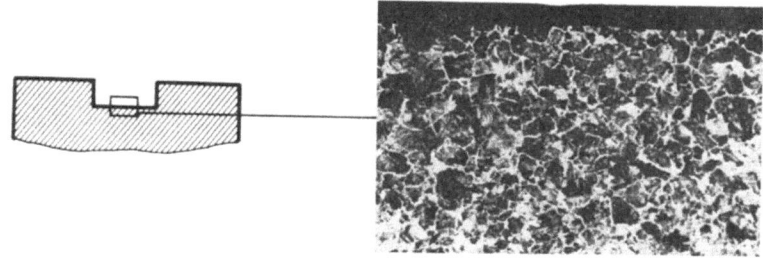

Zustellung: a = 80 μm
Werkstückgeschwindigkeit: v_w = 500 mm/s
Zerspanleistung: Z' = 40 mm³/mm · s

⊢—⊣ 100 μm

Schleifscheibe: EK 100 Q Ba
Werkstoff: Ck 45 N
Kühlmittel: Schleiföl
Kühlmitteldruck: p_k = 12 kp/cm²
Schleifscheibenumfangsgeschwindigkeit: v_s = 80 m/s

Abb. 18 Einfluß von Zustellung und Werkstückgeschwindigkeit auf das Gefüge in der Werkstückrandzone bei gleicher Zerspanleistung

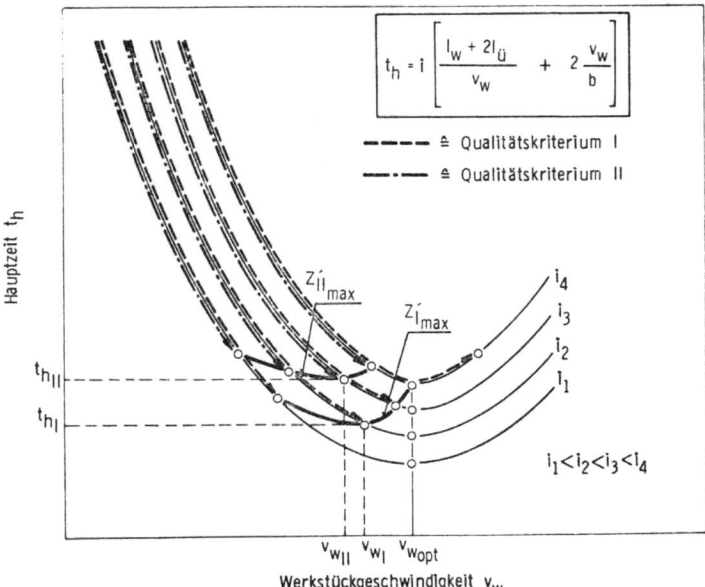

Abb. 19 Hauptzeit in Abhängigkeit von der Werkstückgeschwindigkeit

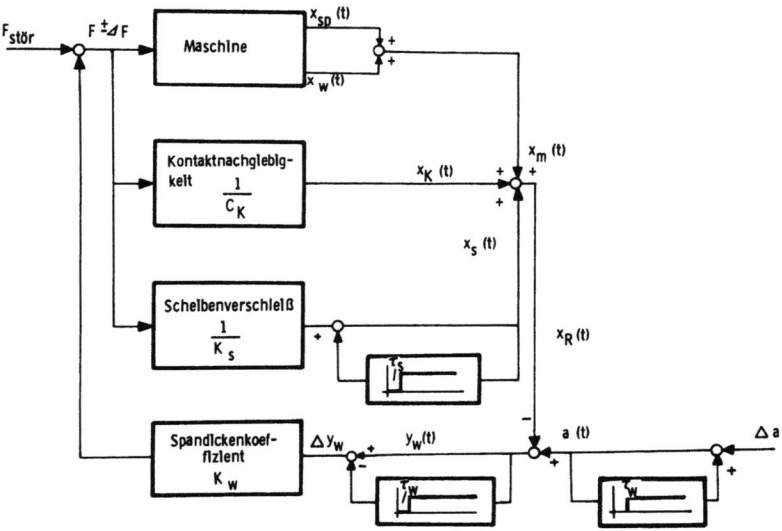

Abb. 20 Darstellung des Schleifprozesses in Form eines Regelkreises

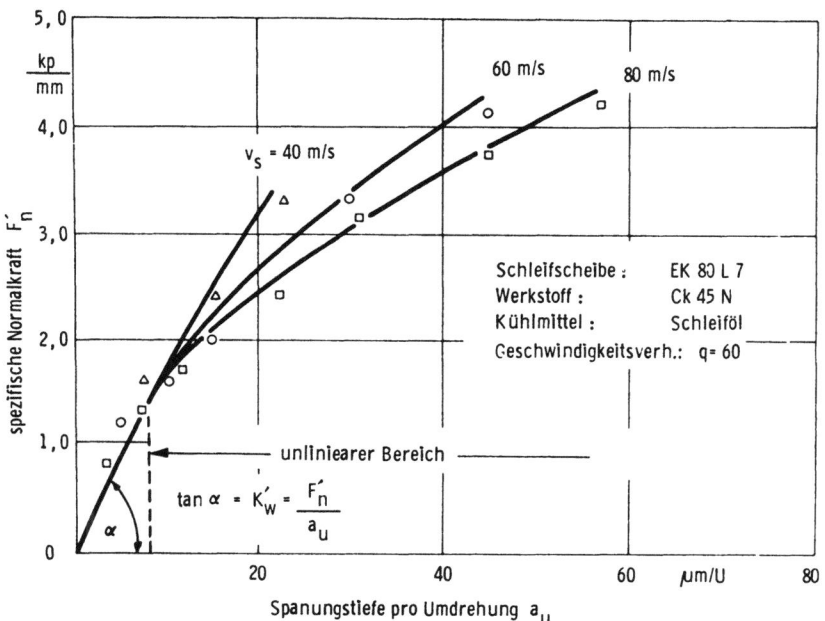

Abb. 21 Unlinearität des Spandickenkoeffizienten

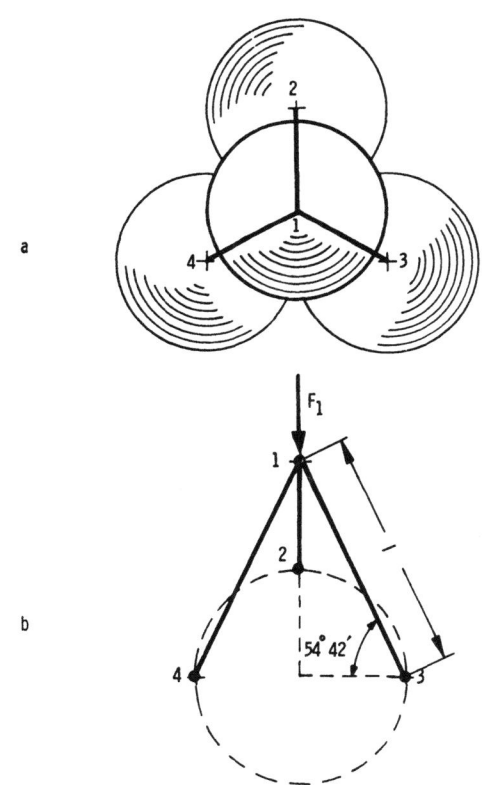

Abb. 22 Modell einer Kornabstützung im Schleifkörper

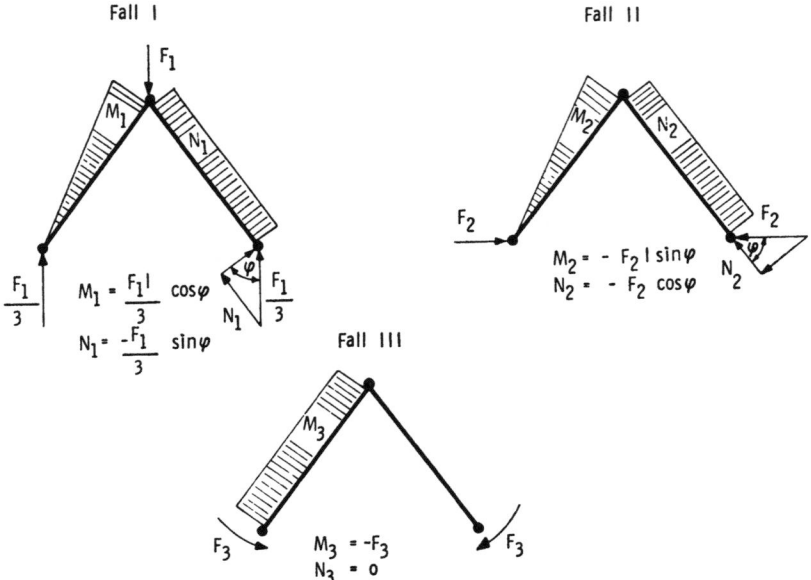

Abb. 23 Zerlegung des statisch unbestimmten Modells in drei Belastungsfälle

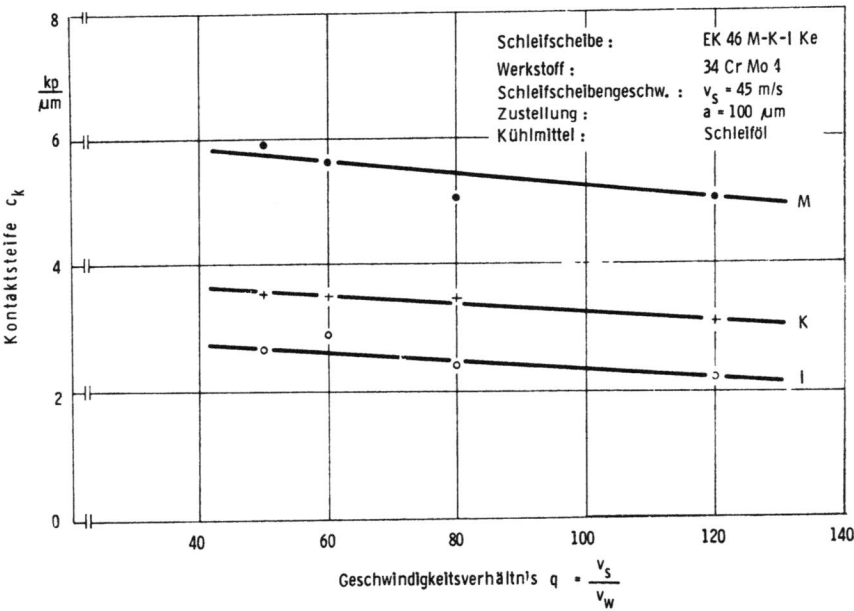

Abb. 24 Kontaktsteife in Abhängigkeit von Geschwindigkeitsverhältnis und Schleifscheibenhärte

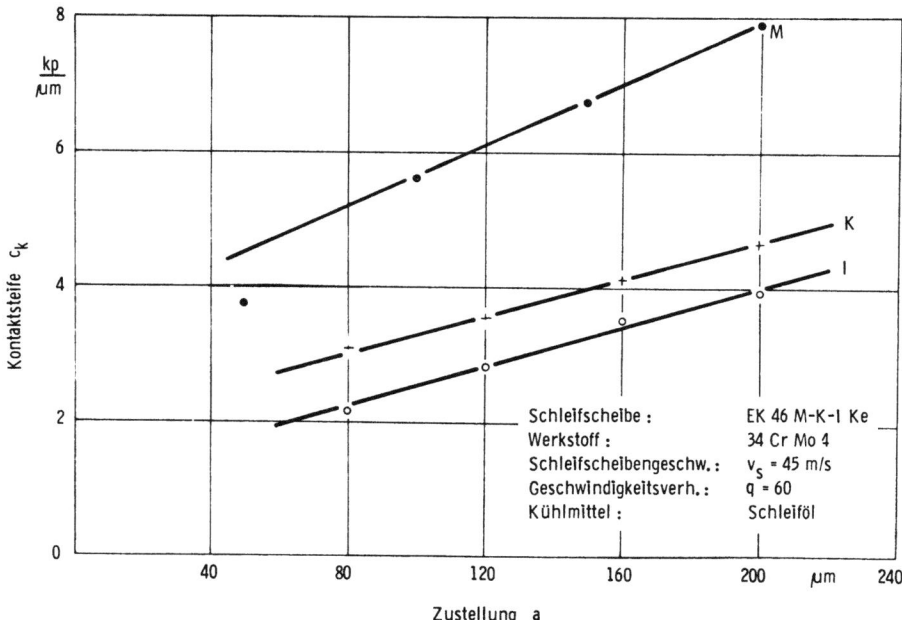

Abb. 25 Kontaktsteife in Abhängigkeit von Zustellung und Schleifscheibenhärte

Forschungsberichte des Landes Nordrhein-Westfalen

Herausgegeben im Auftrage des Ministerpräsidenten Heinz Kühn
von Staatssekretär Professor Dr. h. c. Dr. E. h. Leo Brandt

Sachgruppenverzeichnis

Acetylen · Schweißtechnik
Acetylene · Welding gracitice
Acétylène · Technique du soudage
Acetileno · Técnica de la soldadura
Ацетилен и техника сварки

Arbeitswissenschaft
Labor science
Science du travail
Trabajo científico
Вопросы трудового процесса

Bau · Steine · Erden
Constructure · Construction material ·
Soilresearch
Construction   Matériaux de construction ·
Recherche souterraine
La construcción · Materiales de construcción ·
Reconocimiento del suelo
Строительство и строительные материалы

Bergbau
Mining
Exploitation des mines
Minería
Горное дело

Biologie
Biology
Biologie
Biologia
Биология

Chemie
Chemistry
Chimie
Quimica
Химия

Druck · Farbe · Papier · Photographie
Printing · Color · Paper · Photography
Imprimerie · Couleur · Papier · Photographie
Artes gráficas · Color · Papel · Fotografía
Типография · Краски · Бумага · Фотография

Eisenverarbeitende Industrie
Metal working industry
Industrie du fer
Industria del hierro
Металлообрабатывающая промышленность

Elektrotechnik · Optik
Electrotechnology · Optics
Electrotechnique · Optique
Electrotécnica · Optica
Электротехника и оптика

Energiewirtschaft
Power economy
Energie
Energía
Энергетическое хозяйство

Fahrzeugbau · Gasmotoren
Vehicle construction · Engines
Construction de véhicules · Moteurs
Construcción de vehículos · Motores
Производство транспортных средств

Fertigung
Fabrication
Fabrication
Fabricación
Производство

Funktechnik · Astronomie
Radio engineering · Astronomy
Radiotechnique · Astronomie
Radiotécnica · Astronomía
Радиотехника и астрономия

Gaswirtschaft
Gas economy
Gaz
Gas
Газовое хозяйство

Holzbearbeitung
Wood working
Travail du bois
Trabajo de la madera
Деревообработка

Hüttenwesen · Werkstoffkunde
Metallurgy · Materials research
Métallurgie · Matériaux
Metalurgia · Materiales
Металлургия и материаловедение

Kunststoffe
Plastics
Plastiques
Plásticos
Пластмассы

Luftfahrt · Flugwissenschaft
Aeronautics · Aviation
Aéronautique · Aviation
Aeronáutica · Aviación
Авиация

Luftreinhaltung
Air-cleaning
Purification de l'air
Purificación del aire
Очищение воздуха

Maschinenbau
Machinery
Construction mécanique
Construcción de máquinas
Машиностроительство

Mathematik
Mathematics
Mathématiques
Matemáticas
Математика

Medizin · Pharmakologie
Medicine · Pharmacology
Médecine · Pharmacologie
Medicina · Farmacología
Медицина и фармакология

NE-Metalle
Non-ferrous metal
Metal non ferreux
Metal no ferroso
Цветные металлы

Physik
Physics
Physique
Física
Физика

Rationalisierung
Rationalizing
Rationalisation
Racionalización
Рационализация

Schall · Ultraschall
Sound · Ultrasonics
Son · Ultra-son
Sonido · Ultrasónico
Звук и ультразвук

Schiffahrt
Navigation
Navigation
Navegación
Судоходство

Textilforschung
Textile research
Textiles
Textil
Вопросы текстильной промышленности

Turbinen
Turbines
Turbines
Turbinas
Турбины

Verkehr
Traffic
Trafic
Tráfico
Транспорт

Wirtschaftswissenschaften
Political economy
Economie politique
Ciencias económicas
Экономические науки

Einzelverzeichnis der Sachgruppen bitte anfordern

 Springer Fachmedien Wiesbaden GmbH

MIX
Papier aus verantwortungsvollen Quellen
Paper from responsible sources
FSC® C105338

If you have any concerns about our products,
you can contact us on
ProductSafety@springernature.com

In case Publisher is established outside the EU,
the EU authorized representative is:
**Springer Nature Customer Service Center GmbH
Europaplatz 3, 69115 Heidelberg, Germany**

Printed by Libri Plureos GmbH
in Hamburg, Germany